Thomas Ledl

Modellierung von Wechselwählerverhalten als Multinomialexperiment

Thomas Ledl

Modellierung von Wechselwählerverhalten als Multinomialexperiment

Südwestdeutscher Verlag für Hochschulschriften

Impressum / Imprint

Bibliografische Information der Deutschen Nationalbibliothek: Die Deutsche Nationalbibliothek verzeichnet diese Publikation in der Deutschen Nationalbibliografie; detaillierte bibliografische Daten sind im Internet über http://dnb.d-nb.de abrufbar.

Alle in diesem Buch genannten Marken und Produktnamen unterliegen warenzeichen-, marken- oder patentrechtlichem Schutz bzw. sind Warenzeichen oder eingetragene Warenzeichen der jeweiligen Inhaber. Die Wiedergabe von Marken, Produktnamen, Gebrauchsnamen, Handelsnamen, Warenbezeichnungen u.s.w. in diesem Werk berechtigt auch ohne besondere Kennzeichnung nicht zu der Annahme, dass solche Namen im Sinne der Warenzeichen- und Markenschutzgesetzgebung als frei zu betrachten wären und daher von jedermann benutzt werden dürften.

Bibliographic information published by the Deutsche Nationalbibliothek: The Deutsche Nationalbibliothek lists this publication in the Deutsche Nationalbibliografie; detailed bibliographic data are available in the Internet at http://dnb.d-nb.de.

Any brand names and product names mentioned in this book are subject to trademark, brand or patent protection and are trademarks or registered trademarks of their respective holders. The use of brand names, product names, common names, trade names, product descriptions etc. even without a particular marking in this work is in no way to be construed to mean that such names may be regarded as unrestricted in respect of trademark and brand protection legislation and could thus be used by anyone.

Coverbild / Cover image: www.ingimage.com

Verlag / Publisher:
Südwestdeutscher Verlag für Hochschulschriften
ist ein Imprint der / is a trademark of
OmniScriptum GmbH & Co. KG
Heinrich-Böcking-Str. 6-8, 66121 Saarbrücken, Deutschland / Germany
Email: info@svh-verlag.de

Herstellung: siehe letzte Seite /
Printed at: see last page
ISBN: 978-3-8381-5098-7

Zugl. / Approved by: Wien, Universität Wien, Diss., 2007

Copyright © 2015 OmniScriptum GmbH & Co. KG
Alle Rechte vorbehalten. / All rights reserved. Saarbrücken 2015

Vorwort

"1966 tat sich Ungewöhnliches im Fernsehen. Da erschien erstmals ein Mann mit strenger Brille im TV-Kastl und präsentierte den Sieger der Nationalratswahl, noch ehe die Stimmen ausgezählt waren. ‚Aus Ärger über falsche Voraussagen', wie er sagt, hatte der 34jährige Statistiker Gerhart Bruckmann das weltweit erste Verfahren für Hochrechnung entwickelt."

So beginnt eine Reportage über Gerhart Bruckmann im Jänner des Jahres 2004 in der Tageszeitung Kurier. Seit mittlerweile 40 Jahren beschränkt sich die öffentliche Wahrnehmung der Statistik in Österreich nicht mehr ausschließlich auf die Volkszählung und die Berechnung von Mittelwerten und Häufigkeitsauszählungen sondern unter anderem auch auf oft als „komplizierte statistische Verfahren" bezeichnete Methoden, die vorgeben, trotz der Unkenntnis des Wahlverhaltens einzelner Personen dennoch sehr präzise Aussagen über das Wahl- und das Wahlwechselverhalten einer ganzen Bevölkerung treffen zu können – eben Verfahren der so genannten Wahlhochrechnung bzw. der statistischen Wählerstromanalyse.

Wenngleich die inhaltlichen Antworten, die solche Verfahren geben können aus psychologischer, soziologischer und politologischer Sicht allein schon interessant und aufschlussreich sind, besteht meines Erachtens der Grund dafür, dass sich dieses Thema nach wie vor enormer Aufmerksamkeit erfreut, auch in diesem Mysterium und in der – was die Wählerstromanalyse betrifft - letztendlich nicht beweisbaren Gültigkeit der Ergebnisse. In einem Zeitalter, in dem statistische Verfahren für Unternehmen und Gesellschaften in Wirtschaft, Industrie, Medizin, usw. immer wichtiger werden (Stichwort: Data-Mining) und die praktische

Verwendbarkeit von statistischen Verfahren immer mehr anerkannt wird, sind Hochrechnung und Analyse der Wählerströme in Österreich immer noch einer der großen Image-Träger der angewandten Statistik. Diese Feststellung erlaube ich mir insofern, als dass der „Statistikprofessor Bruckmann" sogar meiner Großmutter ein Begriff ist.

Dieses Mysterium stellt daher einen ausreichenden Grund dar, einen Einblick in vorhandene Methoden zu bekommen und insbesondere Anwendbarkeit, Eigenschaften und Güte eines speziellen stochastischen Modelles zu erforschen - aus statistisch-methodischer Sicht wie auch im Vergleich mit „etablierten" Verfahren. Die Vergleiche zielen auf Unterschiede in veröffentlichten Wählerwanderungen als auch auf die Güte einer Prognose bei der Wahlhochrechnung ab.

Diese Gegenüberstellung ist deswegen wichtig, da seit dieser Pionierarbeit im Jahre 1966 (Bruckmann, 1966) zahlreiche Ideen und Verfahren publiziert und angewandt wurden - auch von Nicht-Statistikern, die sich dem Thema beispielsweise mit Methoden der klassischen empirischen Sozialforschung nähern, die aber dennoch auch statistische Verfahren im engeren Sinne verwenden, oder aber auch Kombinationen von solchen Verfahren. Als Beispiele für klassische konkurrierende Methoden zur Feststellung des Wechselverhaltens zwischen zwei politischen Wahlen seien Exit-Polls (Wahltagsbefragungen) und auch Panels (Wiederholungsbefragungen) genannt, deren Ergebnisse sich in soziologischen Zeitschriften und Büchern finden. Auch von so genannten Wahlbörsen ist dort beispielsweise die Rede.

Im ORF werden die Hochrechnung und die Wählerstromanalyse 40 Jahre nach der Premiere auch im Jahr 2006 wieder ein zentrales Element der Nationalratswahlberichterstattung am Wahltag sein. Die Beliebtheit dieser

Fragestellung äußert sich schließlich auch sogar darin, dass schon Software am Markt ist[1], die es dem Einzelnen ermöglicht, seine eigene Wählerstromanalyse zu berechnen, und man könnte sich fragen, wozu eigentlich noch Experten nötig sind bzw. wozu Statistiker gebraucht werden.

Die vorliegende Dissertation soll diese Notwendigkeit dadurch unterstreichen, dass einerseits auf wesentliche Aspekte von und Unterschiede zwischen einzelnen Modellen eingegangen wird und andererseits auch Eigenschaften und computationale Umsetzbarkeit des aktuellen Modelles durchleuchtet werden.

An dieser Stelle möchte ich allen Personen danken, die am Entstehen dieser Arbeit direkt oder indirekt beteiligt waren. Zuerst möchte ich mich bei meinem Dissertationsbetreuer Prof. Erich Neuwirth bedanken. Er war durch langjährige Forschung und Arbeit in diesem Bereich die ideale Informationsquelle für meine Anfragen und hat mir viele seiner Daten, ohne die vergangene Wahlhochrechnungen nicht reproduzierbar wären, zur Verfügung gestellt.

Weiters seien einige Personen erwähnt, die mir aus ihrem Erfahrungsschatz im Zusammenhang mit dem Thema der Dissertation behilflich waren. Ich danke hierbei Prof. Fritz Krauss, dem ehemaligen Wahlhochrechner von INFAS München und der ARD für seine Stellungnahme. Ich danke Frau Mag. Eva Zeglovits vom SORA-Institut (Wahlhochrechnung ORF) für ein Interview betreffend deren Methoden. Außerdem danke ich Prof. Kurt Holm von der Johannes-Kepler-Universität in Linz für die Darstellung

---

[1] ALMO-Statistik-System, siehe Holm (2001)

seiner Sichtweise zum Thema und das Handbuch für sein Statistik-Programmpaket ALMO, das Wählerstromanalysen rechnen kann, sowie Prof. Friedrich Leisch von der TU Wien für die Bereitstellung seiner Forschungsergebnisse zum Thema Mischverteilungsmodelle.

Bezüglich einer speziellen mathematischen Frage war mir dankenswerterweise Prof. Pötscher vom Institut für Statistik an der Universität Wien behilflich. Großen Dank möchte ich an dieser Stelle auch an Jan Brandts von der „Society for Industrial and Applied Mathematics" (SIAM) aussprechen, der bei einem wichtigen Problem betreffend lineare Algebra sehr hilfsbereit war.

Abschließend sei allen Leuten aus meiner Familie gedankt, die während mancher zäher Phase aufmunternd und unterstützend agiert haben.

Inhaltsverzeichnis

Abbildungsverzeichnis *7*

Tabellenverzeichnis *10*

Kapitel 1:   Einleitung *11*

1.1   Motivation 12

1.2   Übersicht des Themas 14

Kapitel 2:   Historisch-methodischer Aufriss *19*

2.1   Wahlforschung ohne Großrechenanlagen 19

2.2   „Psephology" – Verfahrensentwicklungen im Überblick 21

Kapitel 3:   Das Modell *63*

3.1   Formale Beschreibung 63

3.2   Formulierung als SURE-Modell 66

3.3   Schätzung des Modelles 69

3.4   Beweis der Konvexität der Optimierungsfunktion 72

3.5   Probleme im Zusammenhang mit der Inversion von Omega 81

    3.5.1   Rangdefizit der Matrizen Σ_n größer als 1 81

    3.5.2   Inversion der n Varianz-Kovarianz-Matrizen 82

3.6   Praktische Vorgehensweise bei der Modellschätzung 86

3.7   Adaption der Optimierungsfunktion 88

Kapitel 4:   Die empirischen Resultate *94*

4.1   Der Datenvorrat 94

4.2   Die konkurrierenden Modelle 95

4.3   Hochrechnungen im Vergleich 96

    4.3.1   Allgemeines 96

    4.3.2   EU-Wahl 2004 auf die Nationalratswahl 2002 zurückgerechnet 98

4.4   Schätzung der Wechselverhaltens – Die Wählerstromanalysen 154

4.4.1 Wechselverhalten Nationalratswahl 2002 auf EU-Wahl 2004 155
4.4.2 Wechselverhalten Nationalratswahl 1999 auf Nationalratswahl 2002 170
4.4.3 Beobachtungen im Verlauf der Schätzungen 185

4.5 Laufzeitunterschiede zwischen den Modellschätzungen **189**

Kapitel 5: *Zusammenfassung und Ausblick* *191*

Literaturangaben *198*

Anhang *202*

Sätze und Definitionen 202

Notation und gängige Abkürzungen 203

Abbildungsverzeichnis

Abbildung 1: Zusammenhang der SP-Stimmenanteile bei den Nationalratswahlen 1999 und 2002 für die 2381 Gemeinden. 23

Abbildung 2: Zusammenhang der Stimmenanteile bei den Nationalratswahlen 1999 und 2002, alle Parteien. 24

Abbildung 3: Streudiagramm FP-Anteil (NRW 99) vs. VP-Anteil (NRW 02) für alle österreichischen Gemeinden. Gemeinden des jeweiligen Bundeslandes wurden hervorgehoben. Die Regressionsgerade des unrestringierten Kleinste-Quadrate-Schätzers wurde ebenfalls eingezeichnet. 25

Abbildung 4: Tomography-Plot SP 1999- SP 2002, Niederösterreich. 41

Abbildung 5: Tomography-Plot VP 1999- VP 2002, Oberösterreich. 42

Abbildung 6: Tomography-Plot FP 1999- FP 2002, Niederösterreich. 42

Abbildung 7: Tomography-Plot GR 1999- GR 2002, Wien. 43

Abbildung 8: Tomography-Plot NW 1999- NW 2002, Kärnten. 43

Abbildung 9: Tomography-Plot NW 1999- NW 2002, Wien. 44

Abbildung 10: Tomography-Plot SP 1999- VP 2002, Niederösterreich. 44

Abbildung 11: Tomography-Plot FP 1999- VP 2002, Steiermark. 45

Abbildung 12: Tomography-Plot SP 1999- FP 2002, Oberösterreich. 45

Abbildung 13: Homogenitätsprüfung via Boxplots, 1999. 48

Abbildung 14: Homogenitätsprüfung via Boxplots, 2002. 49

Abbildung 15: Clustering nach dem SP-Anteil bei der Nationalratswahl 1999 (Hofinger und Ogris, 2002). 52

Abbildung 16: Höhenschichtlinien einer fiktiven Optimierungsfunktion (Rechtfertigung der Parameter-Restriktionen). 56

Abbildung 17: Zusammenhang zwischen den SPD-Stimmenanteilen bei den Bundestagswahlen 2002 und 2005 in Deutschland. 62

Abbildung 18: Robustifizierungsvarianten des Modelles. 92

Abbildung 19: Wahlhochrechnung für die SPÖ im Burgenland. 100

Abbildung 20: Wahlhochrechnung für die ÖVP im Burgenland. 101

Abbildung 21: Wahlhochrechnung für die FPÖ im Burgenland. 102

Abbildung 22: Wahlhochrechnung für die Grünen im Burgenland. 103

Abbildung 23: Wahlhochrechnung für die Liste Martin im Burgenland. 104

Abbildung 24: Wahlhochrechnung für die SPÖ in Kärnten. 105

Abbildung 25: Wahlhochrechnung für die ÖVP in Kärnten. 106

Abbildung 26: Wahlhochrechnung für die FPÖ in Kärnten. 107

Abbildung 27: Wahlhochrechnung für die Grünen in Kärnten. 108

Abbildung 28: Wahlhochrechnung für die Liste Martin in Kärnten...........109
Abbildung 29: Wahlhochrechnung für die SPÖ in Niederösterreich............110
Abbildung 30: Wahlhochrechnung für die ÖVP in Niederösterreich............111
Abbildung 31: Wahlhochrechnung für die FPÖ in Niederösterreich............112
Abbildung 32: Wahlhochrechnung für die Grünen in Niederösterreich.........113
Abbildung 33: Wahlhochrechnung für die Liste Martin in Niederösterreich...114
Abbildung 34: Wahlhochrechnung für die SPÖ in Oberösterreich..............115
Abbildung 35: Wahlhochrechnung für die ÖVP in Oberösterreich..............116
Abbildung 36: Wahlhochrechnung für die FPÖ in Oberösterreich..............117
Abbildung 37: Wahlhochrechnung für die Grünen in Oberösterreich...........118
Abbildung 38: Wahlhochrechnung für die Liste Martin in Oberösterreich.....119
Abbildung 39: Wahlhochrechnung für die SPÖ in Salzburg....................120
Abbildung 40: Wahlhochrechnung für die ÖVP in Salzburg....................121
Abbildung 41: Wahlhochrechnung für die FPÖ in Salzburg....................122
Abbildung 42: Wahlhochrechnung für die Grünen in Salzburg.................123
Abbildung 43: Wahlhochrechnung für die Liste Martin in Salzburg...........124
Abbildung 44: Wahlhochrechnung für die SPÖ in der Steiermark..............126
Abbildung 45: Wahlhochrechnung für die ÖVP in der Steiermark..............127
Abbildung 46: Wahlhochrechnung für die FPÖ in der Steiermark..............128
Abbildung 47: Wahlhochrechnung für die Grünen in der Steiermark...........129
Abbildung 48: Wahlhochrechnung für die Liste Martin in der Steiermark.....130
Abbildung 49: Wahlhochrechnung für die SPÖ in Tirol.......................131
Abbildung 50: Wahlhochrechnung für die ÖVP in Tirol.......................132
Abbildung 51: Wahlhochrechnung für die FPÖ in Tirol.......................133
Abbildung 52: Wahlhochrechnung für die Grünen in Tirol....................134
Abbildung 53: Wahlhochrechnung für die Liste Martin in Tirol..............135
Abbildung 54: Wahlhochrechnung für die SPÖ in Vorarlberg..................136
Abbildung 55: Wahlhochrechnung für die ÖVP in Vorarlberg..................137
Abbildung 56: Wahlhochrechnung für die FPÖ in Vorarlberg..................138
Abbildung 57: Wahlhochrechnung für die Grünen in Vorarlberg...............139
Abbildung 58: Wahlhochrechnung für die Liste Martin in Vorarlberg.........140
Abbildung 59: Wahlhochrechnung für die SPÖ in Österreich (mit Wien).......142
Abbildung 60: Wahlhochrechnung für die SPÖ in Österreich (ohne Wien)......144
Abbildung 61: Wahlhochrechnung für die ÖVP in Österreich (mit Wien).......145
Abbildung 62: Wahlhochrechnung für die ÖVP in Österreich (ohne Wien)......146
Abbildung 63: Wahlhochrechnung für die FPÖ in Österreich (mit Wien).......147
Abbildung 64: Wahlhochrechnung für die FPÖ in Österreich (ohne Wien)......148
Abbildung 65: Wahlhochrechnung für die Grünen in Österreich (mit Wien)....149

Abbildung 66: Wahlhochrechnung für die Grünen in Österreich (ohne Wien). 150
Abbildung 67: Wahlhochrechnung für die Liste Martin in Österreich (mit Wien)...............151
Abbildung 68: Wahlhochrechnung für die Liste Martin in Österreich (ohne Wien). 152
Abbildung 69: Wählerübergänge Burgenland, 2002 auf 2004. 156
Abbildung 70: Wählerübergänge Kärnten, 2002 auf 2004. 157
Abbildung 71: Wählerübergänge Niederösterreich, 2002 auf 2004. 158
Abbildung 72: Wählerübergänge Oberösterreich, 2002 auf 2004..............................159
Abbildung 73: Wählerübergänge Salzburg, 2002 auf 2004. 160
Abbildung 74: Wählerübergänge Steiermark, 2002 auf 2004. 161
Abbildung 75: Wählerübergänge Tirol, 2002 auf 2004. 162
Abbildung 76: Wählerübergänge Vorarlberg, 2002 auf 2004. 163
Abbildung 77: Wählerübergänge Wien, 2002 auf 2004. 164
Abbildung 78: Zusammenhang der Stimmenanteile von FP bei der Nationalratswahl 2002 und SP bzw. FP bei der EU-Wahl 2004 in Wien (mit NW). 165
Abbildung 79: Zusammenhang der Stimmenanteile von FP bei der Nationalratswahl 2002 und SP bzw. FP bei der EU-Wahl 2004 in Wien (ohne NW)..................................167
Abbildung 80: Wählerübergänge Österreich gesamt, 2002 auf 2004. 168
Abbildung 81: Wählerübergänge Burgenland, 1999 auf 2002. 172
Abbildung 82: Wählerübergänge Kärnten, 1999 auf 2002. 173
Abbildung 83: Wählerübergänge Niederösterreich, 1999 auf 2002. 174
Abbildung 84: Wählerübergänge Oberöstereich, 1999 auf 2002. 175
Abbildung 85: Wählerübergänge Salzburg, 1999 auf 2002. 177
Abbildung 86: Wählerübergänge Steiermark, 1999 auf 2002. 178
Abbildung 87: Wählerübergänge Tirol, 1999 auf 2002. 179
Abbildung 88: Wählerübergänge Vorarlberg, 1999 auf 2002. 180
Abbildung 89: Wählerübergänge Wien, 1999 auf 2002. 181
Abbildung 90: Wählerübergänge Österreich gesamt, 1999 auf 2002. 183

Tabellenverzeichnis

Tabelle 1: Wahlergebnisse bei den Nationalratswahlen 1999 und 2002. 12

Tabelle 2: Übergangsraten Nationalratswahl 1999 auf Nationalratswahl 2002, Variante 1. ..13

Tabelle 3: Übergangsraten Nationalratswahl 1999 auf Nationalratswahl 2002, Variante 2. ..13

Tabelle 4: Korrelationen Stimmenanteile 1999 und 2002. 24

Tabelle 5: Korrelationen der Stimmenanteile bei der Nationalratswahl 1999, nach Bundesländern. 32

Tabelle 6: Mögliche Kontingenztafeln bei gegebenen Randsummen. 39

Tabelle 7: Quartile der Wahlberechtigtenzahlen, nach Bundesländern. 49

Tabelle 8: Übergangsraten Nationalratswahl 1999 auf Nationalratswahl 2002 in Oberösterreich, unrestringierter Schätzer. 56

Tabelle 9: Übergangsraten Nationalratswahl 1999 auf Nationalratswahl 2002 in Oberösterreich, restringierter Schätzer. 56

Tabelle 10: Stimmenanteile bei den Nationalratswahlen 1999 und 2002, Gemeinde Dellach im Drautal (Ktn). 58

Tabelle 11: Mögliche Untergrenzen für die Wechselanteile von der Nationalratswahl 1999 auf die Nationalratswahl 2002. 58

Tabelle 12: Mögliche Obergrenzen für die Wechselanteile von der Nationalratswahl 1999 auf die Nationalratswahl 2002. 59

Tabelle 13: Fiktive Übergangsmatrix zwischen zwei Wahlen (bedingte Wahrscheinlichkeiten) 85

Tabelle 14: Veränderung entlang des Rechteckes 4 aus Tabelle 15 85

Tabelle 15: Mögliche Rechtecksschleifen, entlang derer die Matrix in Tabelle 13 verändert werden kann. 86

Tabelle 16: Extreme Residuen, Nationalratswahl 2002 89

Tabelle 17: Datenvorrat für die Hochrechnung der EU-Wahl 2004. 97

Tabelle 18: Teilergebnisse der Stimmenauszählung in Salzburg. 124

Tabelle 19: Aufteilung der Wiener Bezirke nach dem SORA-Cluster. 152

Tabelle 20: Unterschiede der beiden verwendeten Cluster-Einteilungen. 152

Tabelle 21: Mögliche Untergrenzen für die Wechselanteile von der Nationalratswahlen 2002 auf die EU-Wahl 2004. 167

Tabelle 22: Mögliche Obergrenzen für die Wechselanteile von der Nationalratswahlen 2002 auf die EU-Wahl 2004. 168

Tabelle 23: Wählerübergänge Wien, 1999 auf 2002. Effekt unterschiedlicher Parteigruppierungen. 184

1. Einleitung

Wahlsonntag in Österreich. Die letzten Wahllokale haben geschlossen. Die Interviews mit den politisch Verantwortlichen sind gemacht. Sieger und Verlierer stehen fest. Eine Diskussionsrunde mit Spitzenkandidaten und/oder Meinungsforschern im Hauptabendprogramm ist ebenfalls vergangen. Es ist 22 Uhr. Jetzt wartet die ZIB2 mit dem letzten medialen Highlight des Wahlsonntages auf. Die Wählerstromanalyse. *„Wir sagen Ihnen, wie sich die Wähler der Parteien der letzten Wahl am heutigen Tag entschieden haben..."* tönt die Moderatorin. Der mitdenkende Zuschauer ist skeptisch oder verblüfft.

Im weiteren wird erklärt, dass es sich hierbei um ein statistisches (und damit wissenschaftliches) Verfahren handelt und dass in diese Berechnung keine Wahltagsbefragungen (exit polls) oder andere Umfragedaten einfließen.

Spätestens seit in Österreich Prof. Gerhart Bruckmann im Jahr 1966 zum ersten Mal im österreichischen Fernsehen Wahlhochrechnung und Wählerstromanalyse präsentiert hat, sind Methoden, Verfahren und Modelle, die eine möglichste genaue Prognose des Endergebnisses bzw. eine Analyse des Wechselverhaltens zwischen den Parteien aufgrund von Aggregatdaten zu prognostizieren versuchen, in der soziologischen und politologischen Forschung, aber auch in der angewandten statistisch-methodischen Forschung an der Tagesordnung.

1.1 Motivation

Man betrachte zur Motivation folgende Überlegung. Bei den Nationalratswahlen in Österreich in den Jahren 1999 und 2002 kam es in Österreich zu einer Umwälzung der politischen Machtverhältnisse, wie es sie noch bei keiner bundesweiten Wahl in der Geschichte der zweiten Republik gegeben hat (vgl. dazu Plasser und Ulram, 2003). Die Anteilsverteilungen in der österreichischen Wählerschaft bei den beiden Wahlen ist in Tabelle 1 abgebildet.

Tabelle 1: Wahlergebnisse bei den Nationalratswahlen 1999 und 2002.

	SPÖ	ÖVP	FPÖ	GRÜNE	LIF	andere	ungültig	NW	
1999	26,2%	21,3%	21,3%	5,9%	2,9%	1,6%	1,2%	19,6%	100,00%
2002	30,3%	35,1%	8,3%	7,9%	0,8%	0,6%	1,2%	15,7%	100,00%

Für die politologische und wahlsoziologische Forschung ist nun naturgemäß von großen Interesse, wie die Wähler zwischen den beiden Wahlen hin und her gewandert sind. Auch die Loyalität zu einer Partei über mehrere Jahre ist in diesem Zusammenhang eine interessierende Fragestellung.

In Tabelle 2 und Tabelle 3 sehen wir nun zwei mögliche Szenarien, wie die Wechsel stattgefunden haben können. Die Tabellen sind so zu lesen, dass sich im inneren Bereich der Tabelle die Anteile der bei beiden Wahlen berechtigten Wahlbevölkerung finden, die den entsprechenden Wählerstrom verursacht haben. Laut der Hypothese, die Tabelle 2 zugrunde liegt, haben also beispielsweise 2,07% der Bevölkerung 1999 das liberale Forum gewählt und 2002 der Gruppe der Nichtwähler angehört.

Tabelle 2: Übergangsraten Nationalratswahl 1999 auf Nationalratswahl 2002, Variante 1.

		2002								
		SPÖ	ÖVP	FPÖ	GRÜNE	LIF	andere	ungültig	NW	
	SPÖ	26,25%	0	0	0	0	0	0	0	26,25%
	ÖVP	0	21,30%	0	0	0	0	0	0	21,30%
	FPÖ	0	13,00%	8,31%	0	0	0	0	0	21,31%
1999	GRÜNE	0	0	0	5,86%	0	0	0	0	5,86%
	LIF	0	0	0	0	0,81%	0	0	2,07%	2,89%
	andere	0	0	0	0	0	0,61%	0	0,96%	1,56%
	ungültig	0	0	0	0	0	0	1,23%	0,02%	1,25%
	NW	4,07%	0,82%	0	2,00%	0	0	0	12,68%	19,58%
		30,32%	35,13%	8,31%	7,86%	0,81%	0,61%	1,23%	15,73%	100,00%

Tabelle 3: Übergangsraten Nationalratswahl 1999 auf Nationalratswahl 2002, Variante 2.

		2002								
		SPÖ	ÖVP	FPÖ	GRÜNE	LIF	andere	ungültig	NW	
	SPÖ	0	26,25%	0	0	0	0	0	0	26,25%
	ÖVP	2,92%	0	0	0	0,81%	0,61%	1,23%	15,73%	21,30%
	FPÖ	13,44%	0	0	7,86%	0	0	0	0	21,31%
1999	GRÜNE	0	5,86%	0	0	0	0	0	0	5,86%
	LIF	0	2,89%	0	0	0	0	0	0	2,89%
	andere	0	0,13%	1,44%	0	0	0	0	0	1,56%
	ungültig	0	0	1,25%	0	0	0	0	0	1,25%
	NW	13,95%	0	5,63%	0	0	0	0	0	19,58%
		30,32%	35,13%	8,31%	7,86%	0,81%	0,61%	1,23%	15,73%	100,00%

Solange wir dem Wähler nicht über die Schulter sehen, können keine sicheren Aussagen gemacht werden, ob Tabelle 2 oder Tabelle 3 das Wechselwählerverhalten bei den beiden Nationalratswahlen besser charakterisiert. Während die Übergänge in Tabelle 2 einerseits einem eher konservativem Bild entsprechen (nur ca. 23% der Wahlberechtigten haben sich bei beiden Wahlen unterschiedlich entschieden), und andererseits der große Übergang von der FPÖ zur ÖVP von Politologen einigermaßen plausibel erklärt werden könnte, gibt es bei den unterstellten Wanderungen in Tabelle 3 keinen einzigen Wähler, der beide Male die gleiche Partei gewählt hat. Auch der nahe liegende Schluss: *„ÖVP hat 2002 die meisten*

Stimmen gewonnen, FPÖ hat 2002 die meisten Stimmen verloren, also sind die Stimmen von ÖVP zu FPÖ gewandert", kann ein falscher sein, da in Tabelle 3 kein einziger Wähler einen derartigen Wechsel vollzogen hat. Und obendrein wäre sogar möglich, dass knapp 8% aller Wahlberechtigten von der FPÖ zu den Grünen gewechselt hat. Ein Szenario, dass die wahlsoziologische Forschung in ihren Grundfesten erschüttern würde. Ob der relativ konstante Anteil an Ungültig-Wählern darauf schließen lässt, dass es sich hierbei beide Male um dieselben Leute handelt, ist ebenfalls mehr als fraglich. Fest steht, mit Kenntnis dieser Daten alleine ist keine Aussage über die Wanderungswahrscheinlichkeiten möglich.

1.2 Übersicht des Themas

Hier beginnt der eigentlich spannende Teil. Die gerade aufgezeigte Problematik einer guten Schätzung birgt natürlich viel Stoff für Spekulationen. Eng mit diesem Problem ist die Fragestellung nach einer guten Voraussage des Wahlendergebnisses bei Vorliegen von Teilergebnissen – der Wahlhochrechnung - verbunden. Während die Wahlhochrechnung zumindest von außen wie ein „typisch" statistisches Verfahren anmutet in dem Sinne, dass aufgrund des Vorliegens einer Stichprobe versucht wird, relativ genaue Aussagen über das Verhalten der Gesamtpopulation (und damit den Ausgang der Wahl) geben zu können – Meinungsumfragen, die das behaupten, sind ja beinahe schon täglich in diversen Zeitungen zu finden - , erscheint die Wählerstromanalyse auf den ersten Blick ausschließlich wie Kaffeesudleserei. Grund dafür ist, dass hier nicht einmal eine statistische Stichprobe im eigentlichen Sinne vorhanden ist. Das genaue Wahlverhalten ist ja nicht einmal von einer einzelnen Person bekannt. Jedoch ist das genaue Wahlverhalten einer einzelnen

Person auch bei der Wahlhochrechnung nicht bekannt. Bekannt sind lediglich aggregierte Ergebnisse (zumeist auf Gemeindeebene oder manchmal sogar auf Wahlsprengelebene). Der Punkt ist der, dass durch die Kenntnis der exakten Wählerströme eine perfekte Wahlhochrechnung möglich wäre. Man kann sogar sagen, dass für die Wahlhochrechnung oft praktisch eine Wählerstromanalyse mit den schon vorliegenden Teilergebnissen gerechnet werden könnte und auch gerechnet wird. Das heißt, eine gute Hochrechnung wird es in den meisten Fällen dann geben, wenn die Wählerstromanalyse sehr gute Ergebnisse liefert. Umgekehrt ist eine gute Leistung bei der Hochrechnung doch starke Evidenz dafür, dass man der zugrunde liegenden Wählerstromanalyse Glauben schenken kann. Beim genauen Hinsehen heißt das aber auch, dass eine Wählerstromanalyse aufgrund der gesamten vorliegenden aggregierten Daten aus zwei Wahlen ein viel genaueres Bild gibt, als jene Wählerstromanalysen aus Teilergebnissen, die Basis der Wahlhochrechnung (zumindest im fortgeschrittenen Stadium) sind.

Während insbesondere bei den früheren Arbeiten zu diesem Thema die Wahlhochrechnung im Mittelpunkt gestanden ist – eine erfolgreiche Wahlhochrechnung als Garant für eine gute (TV-)Show am Wahltag - und die Wählerstromanalyse mehr oder weniger als „Abfallprodukt" angefallen ist, sind Wählerstromanalysen meines Erachtens der praktisch wertvollere Beitrag, da hier nicht die Profilierung des Hochrechners nach außen im Mittelpunkt steht, sondern die Ergebnisse in Beziehung zu politischen und strategischen Entscheidungen der Politiker gesetzt werden können. Bei aller Ähnlichkeit von Hochrechnung und Wählerstromanalyse gibt es dennoch Unterschiede, da manchmal Schätzungen, die für eine Hochrechnung durchaus verwendbar wären (im wesentlichen

Wechselraten kleiner als 0 bzw. größer als 100%), für die Veröffentlichung einer Wählerstromanalyse undenkbar sind. Andererseits zeigen ältere Beispiele aus England (z.b. Kendall und Stuart, 1950), dass für die Durchführung von Hochrechnungen (der Sitze im Parlament) die Schätzung von Übergangswahrscheinlichkeiten gar nicht immer notwendig waren. Dementsprechend sollte man sich aufgrund dieser feinen Unterschiede bei der Diskussion über derartige Verfahren dem Anwender immer bewusst sein, ob das Ziel nun eben in der Hochrechnung oder in der Wählerstromanalyse liegt. Die vorliegende Dissertation konzentriert sich auf die Schätzung von Wählerströmen und wird die Hochrechnung als Validierungsinstrument benutzen.

In erster Linie ist zumindest für die Frage der Wählerwanderungen der Definition nach die empirische Wahlforschung zuständig. Hier hat sich im Laufe der Jahrzehnte in der Forschung auch ein Instrumentarium entwickelt, wodurch mit verschiedensten Erhebungen an den Individuen der Wahlpopulation solche Wanderungen geschätzt werden können.

Andererseits ist aber auch die angewandte Statistik ebenfalls auf den Plan gerufen, wenn Fragestellungen dieser Art beantwortet und statistische Verfahren adaptiert werden sollen um Probleme der Praxis zu lösen.

So kommt es, dass oft Soziologen und Statistiker einander gegenüberstehen und je nach Ausbildungshintergrund das Thema klarerweise unter verstärkter Gewichtung der einen oder der anderen Disziplin aufgezogen wird.

Kapitel 2 dieser Arbeit soll daher einen geschichtlichen Aufriss dieser Entwicklungen skizzieren und auch Fachmeinungen verschiedener Experten aus beiden Lagern berücksichtigen. Ziel ist es auch, das vorliegende Thema innerhalb der bestehenden Literatur einzuordnen, da dieses ein sehr interdisziplinäres zu sein scheint.

In Kapitel 3 wird ein konkretes Modell beleuchtet, dass bereits bei Hawkes (1969) und in der Diplomarbeit von Schwärzler (2000) diskutiert wurde und dass dem Autor als ein sehr realitätsgetreues statistisches Modell erscheint, welches die der Öffentlichkeit maximal zugängliche Information zur Schätzung von Wählerströmen in gewissen Sinne bestmöglich verwerten kann. Es ist ein stochastisches Modell, in dem Wahlentscheidungen aus der Sicht des Wählers modelliert werden und die mathematischen Implikationen des Modelles gezogen werden. In diesem Kapitel soll auch aufgezeigt werden, dass optimale Schätzungen in diesem Modell einfach gefunden werden können, was nicht immer der Fall ist, wenn mathematische Modelle formuliert werden. Zentral ist hier der Nachweis der Konvexität der zu optimierenden Funktion, die eine Schätzung leichter ermöglicht.

Im vierten Kapitel stellt sich das Modell dann in einer empirischen Studie einigen Alternativen, die unter anderem im österreichischen Fernsehen in ähnlicher Form verwendet wurden und werden. Es wird für die letzte bundesweite Wahl in Österreich, die EU-Wahl im Jahr 2004, eine simulierte parallele Hochrechnung erfolgen um, wenn schon keine Beweise, dann zumindest Indizien dafür zu bekommen, welchen Wählerstromanalysen eher vertraut werden kann.

In diesem Teil werden auch für zwei Wahlen die Wählerstromanalysen zu einer jeweils zeitlich vorher gelegenen Vergleichswahl berechnet und die Schätzungen bei Verwendung unterschiedlicher Modelle werden gegenübergestellt. Diese Schätzungen werden auch im Zusammenhang mit einer deterministischen Methode validiert. Details in Unterschieden zwischen und Charakteristika von den Schätzungen sollen den empirischen Teil abrunden.

2. Historisch-methodischer Aufriss

2.1 Wahlforschung ohne Großrechenanlagen

Roth (1987) beschreibt die empirische Wahlforschung im wesentlichen als die Beantwortung der Frage „Wer hat wen gewählt und warum?" und meint, dass die Fragen hier vor allem retrospektiv gestellt werden, wohingegen sich das öffentliche Interesse auf Prognosen von zukünftigen Wahlen richtet.

Während der Anfänge der Wahlforschung ab Ende des 19. Jahrhunderts waren Wahlstatistiken und Volkszählungen die Datenbasis, mit der beispielsweise Zusammenhänge zwischen Konfession und sozialdemokratischer Wählerschaft in Deutschland (Klöcker, 1913, zitiert in Roth, 1987) oder auch solche zwischen Geschlecht und Wahlverhalten (Rice, 1928, zitiert in Roth, 1987) erforscht wurden. Im letzten Fall wurde beispielsweise durch die nach Geschlecht getrennte Stimmabgabe herausgefunden, dass Frauen bei der Präsidentenwahl in Illinois (USA) den republikanischen Kandidaten häufiger gewählt haben als die Männer und dass dieser Unterschied in allen Bezirken ziemlich stabil war. Siegfried (1913, 1949 zitiert in Roth, 1987) wiederum war Vorreiter bei geographischen Wahlanalyse, wo unterstellt wurde, dass es, genauso wie Klimazonen politische Zonen existieren, die sich bezüglich Wahlverhalten unterscheiden. Siegfried bezog neben Geologie, Bodenbeschaffenheit und klimatischen Faktoren auch Daten wie Bevölkerungsverteilung und Siedlungs- und Wirtschaftsstruktur in die Analyse mit ein. Es ist heute allseits bekannt, dass am Land anders gewählt wird als in der Stadt. Ob die Ursache dafür die Geographie ist oder ob hier eine Scheinkorrelation besteht, sei jedoch dahingestellt.

Im weiteren zitiert Roth als einer von vielen den Beitrag von Robinson (1950), wonach bei aggregierten Daten auch mit noch so ausgefeilten Analysen letztendlich nicht sicher auf individuelles Verhalten rückgeschlossen werden kann, weil Informationen über die Individuen fehlen. Die Rede ist hier vom so genannten „ökonomischen Trugschluss", dessen Existenz auch heute noch den Wahlforschern voll bewusst ist und Grund für die Kritik an vielen in der Wahlforschung verwendeten Verfahren ist.

Die Einbeziehung von Umfrageergebnissen ab den 40er-Jahren des letzten Jahrhunderts ermöglichte die gewünschte Information auf Individualbasis. Es konnten dadurch auch erstmals Nichtwähler genauer untersucht werden - damals beispielsweise soziodemographische Merkmale von Leuten, die sich nicht in Wählerverzeichnisse eintragen ließen.

Nach und nach setzten sich auch so genannte Panels (Wiederholungsbefragungen) durch. Hier konnten erstmals auch mit einem Verfahren der empirischen Sozialforschung Wählerwanderungsbilanzen zwischen zwei Wahlen festgestellt werden – die Aufgabe, der sich auch diese Arbeit widmet. Roth meint, dass nur durch solche Panel-Studien, die jedoch aufwand- und kostenintensiv sind, die Erstellung verlässlicher Wählerwanderungsbilanzen möglich ist. Hoschka und Schunck (1975) teilen diese Auffassung in ihrem sehr kritischen Beitrag ebenfalls. Die Entwicklung von digitalen Rechenmaschinen in den 50er-Jahren des vergangenen Jahrhunderts sollte es möglich machen, dass weitergehende statistische Analysen als Häufigkeitsauszählungen durchgeführt werden konnten.

2.2 „Psephology" – Verfahrensentwicklungen im Überblick

Schlägt man in dem Internet-Lexikon Wikipedia unter „Psephology" nach, findet man als Erklärung „die statistische Analyse von Wahlen". Ein Begriff, der in Großbritannien von dem Historiker R.B. McCallum im Jahre 1952 geprägt wurde. Im Kontext des vorigen Abschnitt handelt es sich hier offenbar um den Beginn der Anwendung von „fortgeschrittenen" statistischen Verfahren bei der Analyse von Wahldaten. In einer Zeit, in der digitale Rechenanlagen entwickelt wurden, war es nahe liegend, die vielen Daten, die bei Wahlgängen anfielen, statistisch auch auszuwerten. Kendall und Stuart (1950) berichten beispielsweise von einer Regel, wodurch man bei Wahlen in England durch Kenntnis des Stimmenanteils der siegreichen Partei, den Anteil der Kandidaten (den Anteil der Sitze) im gesamten Wahlgebiet voraussagen könne. Allerdings ist das Wahlrecht dort so festgelegt, dass in jedem Wahlkreis genau ein Kandidat einer Partei gewählt wird, der dann in der Regierung sitzt. Sie geben eine untere Grenze für das Verhältnis der Sitze folgendermaßen an:

$$\left(\frac{\text{Stimmen Partei 1}}{\text{Stimmen Partei 2}}\right)^3 \leq \frac{\text{Sitze Partei 1}}{\text{Sitze Partei 2}},$$

wobei Partei 1 jene Partei mit dem größeren Stimmenanteil ist und die Gleichheit (das so genannte "Law of Cubic Proportion") nur in der Nähe eines Stimmenanteils von 50% für Partei 1 gilt. Im weiteren Text geben die Autoren aber dann an, dass dieses nur bei zwei Parteien und offenbar nur ab einer bestimmten Größe der Wahlkreise, wie sie in England gegeben sind, näherungsweise gelten kann. Als Argument führen die Autoren die Normalverteilung an. Wie man sieht, war es hier gar nicht notwendig zu schätzen, wie viele Personen zwischen den Parteien gewechselt haben, sondern nur das bereits ausgezählte Stimmenverhältnis „hochzurechnen". Wie man sich aber auch leicht überlegen kann, hat dieses Verfahren einige Schwachpunkte, beispielsweise die Reihenfolge der einlangenden Ergebnisse. Sind die Wahlergebnisse in den einzelnen Wahlkreisen nicht voneinander unabhängig, ist die Reihenfolge des Einlangen der Ergebnisse entscheidend für die Güte einer solchen „Hochrechnung".

Wie die eben genannte Quelle gab es einige andere aus dem angloamerikanischen Raum zu Thema Hochrechnung, aber auch im deutschsprachigen Raum gab es Beiträge. Der aus zumindest aus österreichischer Sicht bemerkenswerteste Vorstoß stammt von Bruckmann (1966), der eine Reihe von Verfahren angibt, wie aus dem Vorliegen von Teilergebnissen Wahlendergebnisse prognostiziert werden können. Er bedient sich hier überwiegend dem statistischen Verfahren der (linearen) Regression, also der Modellierung von Wahlanteilen in den verschiedenen Gemeinden als linearer Funktion von verschiedenen erklärenden Variablen, die ebenfalls in aggregierter Form für einzelne Gemeinden vorliegen. In der Praxis verwendet Bruckmann jedoch ausschließlich Modelle mit einer einzigen erklärenden Variable. Aufgrund der guten Vorhersageergebnisse wurde das Verfahren bereits 1966 anlässlich der Nationalratswahl im österreichischen Fernsehen live eingesetzt.

Verfahren dieser Art werden von Soziologen auch als „ökologische Regressionsverfahren" bezeichnet. Damit meint man, dass als Datenbasis aggregierte Daten verwendet werden. Der Grundsatz dieses Verfahrens wurde erstmals von Goodman (1953) beschrieben und ist auch trotz vieler Modifikationen im wesentlichen auch Basis der heute verwendeten Modelle. Die Verwendung von solchen Verfahren spaltet die Experten in verschiedene Lager. In solche, die dem Verfahren vertrauen und jene, die es aufgrund mangelnder Beweisbarkeit der Ergebnisse ablehnen.

Bruckmann führte hauptsächlich Regressionen auf Stimmenanteile bei vergangenen Wahlen durch. Tatsächlich scheint beispielsweise der lineare Zusammenhang in Österreich zwischen den Nationalratswahl 1999 und 2002 unter den 2381 Gemeinden bestechend (Abbildung 1):

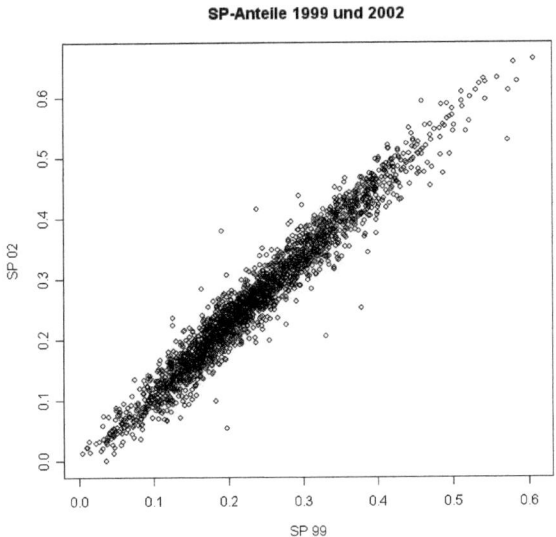

Abbildung 1: Zusammenhang der SP-Stimmenanteile bei den Nationalratswahlen 1999 und 2002 für die 2381 Gemeinden.

Als linearer Korrelationskoeffizient ergibt sich 0,98. Aus Sicht der Wahlhochrechnung scheint dieser Zusammenhang ein sehr brauchbares Ergebnis zu sein. Über 95% der Varianz des neuen Ergebnisses wird durch das alte Ergebnis erklärt. Betrachtet man die Zusammenhänge zwischen den anderen Gruppen, sind diese nicht mehr so hoch, wenn auch zumindest für die Zusammenhänge der Wahlergebnisse innerhalb derselben Parteien die Gültigkeit eines linearen Modelles nur selten visuell widerlegt werden kann (Abbildung 2):

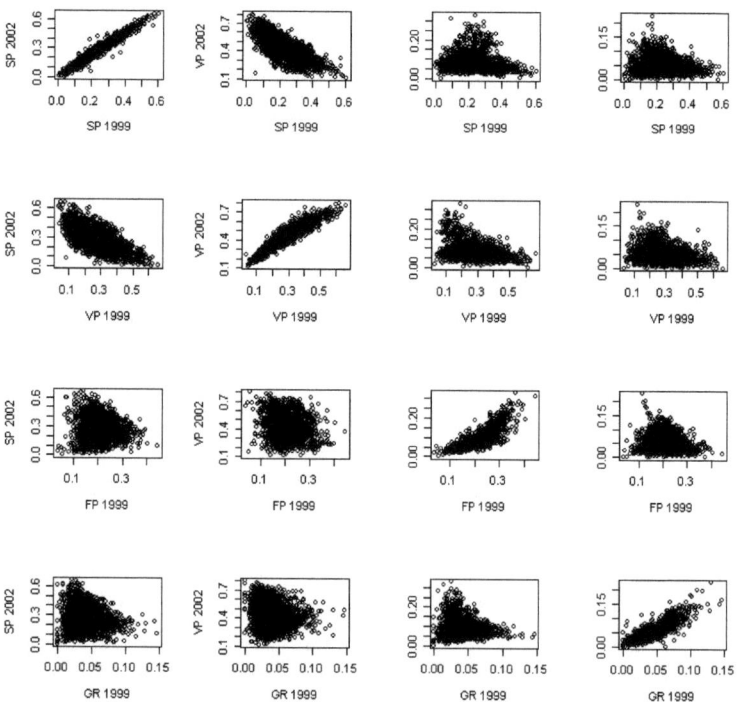

Abbildung 2: Zusammenhang der Stimmenanteile bei den Nationalratswahlen 1999 und 2002, alle Parteien.

In Tabelle 4 sind auch die paarweisen Korrelationen der Stimmenanteile bei den beiden Nationalratswahlen ausgewiesen. Zwischen den Parteien (abseits der Hauptdiagonale) gibt es oft die eine oder andere Modellverletzung und auch oft niedrige Korrelationen. Nachdem hier aber jeweils alle österreichischen Gemeinden geplottet wurden, ist dieser Umstand auch nicht verwunderlich, da ohnehin nicht mit homogenen Wechselanteilen in allen Wahlgebieten (oft Bundesländer) gerechnet werden kann, worauf auch Abbildung 3 hinweist.

Tabelle 4: Korrelationen Stimmenanteile 1999 und 2002.

		1999					
		SP	VP	FP	GR	AN	NW
	SP	0,98	-0,66	-0,12	-0,15	0,00	-0,26
	VP	-0,74	0,94	-0,23	-0,13	-0,23	-0,23
2002	FP	-0,13	-0,37	0,78	-0,03	-0,08	0,26
	GR	-0,12	-0,25	-0,10	0,87	0,73	0,31
	AN	-0,16	-0,21	0,11	0,41	0,42	0,36
	NW	-0,25	-0,37	0,27	0,18	0,22	0,82

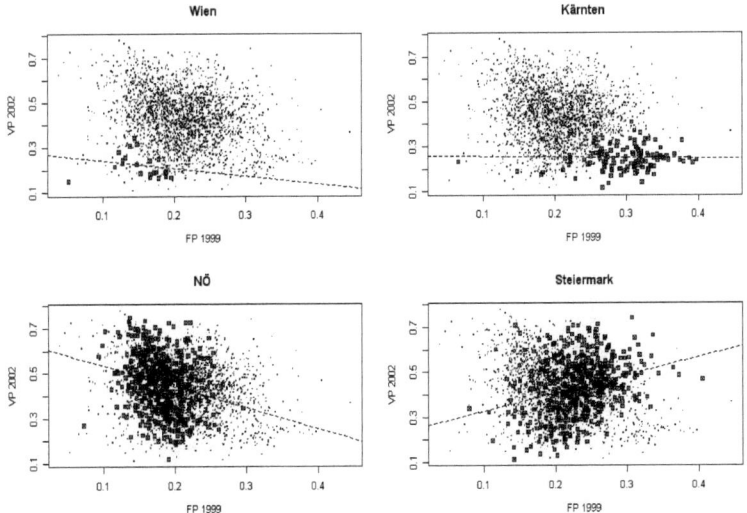

Abbildung 3: Streudiagramm FP-Anteil (NRW 99) vs. VP-Anteil (NRW 02) für alle österreichischen Gemeinden. Gemeinden des jeweiligen Bundeslandes wurden

hervorgehoben. Die Regressionsgerade des unrestringierten Kleinste-Quadrate-Schätzers wurde ebenfalls eingezeichnet.

Insbesondere haben die Geradensteigungen ein unterschiedliches Vorzeichen und man bekommt hier bereits Ideen, in welchen Bundesländern starke bzw. weniger starke Wechsel zwischen zwei Parteien stattgefunden haben könnten. Weiters muss man dadurch den Eindruck gewinnen, dass die in Tabelle 4 errechneten Korrelationen verzerrt sind.

Nichtsdestotrotz folgt aber selbst bei perfekten linearen Zusammenhängen (beispielsweise bei den Übergängen der SPÖ) eben aufgrund des ökonomischen Trugschlusses (Robinson, 1950; Wikipedia) daraus nicht zwingend, dass der Anteil der SPÖ-Wähler von 1999, die 2002 wieder SPÖ gewählt haben, sehr groß ist, wie schon Tabelle 3 gezeigt hat.

Aus diesem Grund werden solche Modelle von vielen Soziologen abgelehnt und es wird darauf verwiesen, dass Wahltagsbefragungen trotz ihrer methodischen Schwächen ebenso gute Alternativen sind, bzw. der Königsweg zur Feststellung solcher Übergange die Panel-Befragung (Wiederholungsbefragung) ist (Hoschka und Schunck, 1975; Küchler, 1983).

Dennoch erwiesen sich die Vorraussagen von Bruckmann als absolut brauchbar. Laut Bruckmann eignen sich sozioökonomische Prädiktoren nicht so gut, da beispielsweise Geschlecht und Alter von Personen über die verschiedenen Gemeinden nicht sehr stark variieren. Bei der Volkszählung in Österreich 2001 schwankte der Frauenanteil beispielsweise in den bezüglich dieser Größe mittleren 90% der Gemeinden Österreichs auch nur zwischen 47,1% und 51,9%.

Er schlägt eine Reduktion der erklärenden Faktoren auf eine möglichst niedrige Anzahl vor und führt weiter aus, dass der Anteil der zu schätzenden Partei bei der Vorwahl wohl die beste erklärende Variable ist, wie zumindest im Fall des SPÖ-Ergebnisses der Nationalratswahl von 2002 vermutet werden kann. Daraus ergibt sich das Zwei-Variablen-Modell der Regression mit Konstante, das bei Betrachtung von Abbildung 1 auch vernünftig erscheint. Bruckmann vereinfacht in der Folge weiter und gibt vier Modelle an, die nur durch einen Parameter geschätzt werden, nämlich unter der Annahme, dass

- der Stimmenanteil bei der aktuellen Wahl proportional dem Anteil der Partei bei der Vorwahl ist (Verhältnisschätzung I; keine Konstante),
- der Stimmenanteil bei der aktuellen Wahl proportional dem Anteil der anderen Parteien bei der Vorwahl ist (Verhältnisschätzung II),
- die Differenzen konstant sind (Steigung der Gerade=1), bzw.
- die Abhängigkeit durch einen odds-ratio-Ansatz beschrieben werden kann.

Rein visuell bedeutet das, dass

- die Gerade durch den Punkt (0,0) geht (Verh. I),
- die Gerade durch den Punkt (1,1) geht (Verh. II),
- die Gerade eine Steigung von 45 Grad hat (Differenzen), bzw.
- eine gleichseitige Hyperbel durch die Punkte (0,0), (1,1) und einen dritten Punkt geht, was Bruckmann auch inhaltlich begründet.

Die Schätzung mittels der 45-Grad-Geraden wurde von Bruckmann in der Praxis jedoch nie verwendet. Er bevorzugt die Regression durch eine erklärende Variable gegenüber dem multiplen Regressionsmodell nur aus dem Grund, da durch die geringere Anzahl an zu schätzenden Parametern Hochrechnungen schon in einem sehr frühen Stadium möglich sind. Wenn man an einer Wählerstromanalyse interessiert ist, ist das jedoch kein Hinderungsgrund und ein Ansatz mit mehreren erklärenden Variablen scheint diesem Modell vorzuziehen zu sein.

Abschließend sei erwähnt, dass Bruckmann in seinen Modell auch den wichtigen Aspekt der Varianzinhomogenität ansatzweise in seinen Modellen anhand des Einflusses der Gemeindegrößen mitberücksichtigt hat („Generalized Linear Model"). Ein Merkmal, das bei einigen Verfahren von Soziologen bis heute unberücksichtigt bleibt.

Im angloamerikanischen Raum war zunächst das Interesse an plausiblen Wählerübergangsmatrizen größer. Frühere Ansätze findet man beispielsweise von Butler und Stokes (1969) sowie Hawkes (1969). Butler und Stokes beschäftigen sich in ihrer umfangreichen Darstellung mit den englischen Parlamentswahlen der 60er Jahre des letzten Jahrhunderts und stellen zunächst (durch Umfragen gestützt fest), dass die Wahlentscheidung von Jungwählern stark von der Parteipräferenz der Eltern abhängig ist (S. 51). Das ist deswegen bemerkenswert, da die Annahme von unabhängigen Wahlentscheidungen eine von mehreren wichtigen beim Einsatz der meisten statistischen Hochrechnungsmodelle ist. Eine weitere ist, dass die Übergangsraten innerhalb des Wahlgebietes konstant sind, also dass der Anteil der Wähler, die bei der Vorwahl Partei

X die Stimme gegeben haben, und bei der aktuellen Wahl Partei Y gewählt haben, in allen Gemeinden gleich ist (bzw. dass diesen Übergängen in allen Gemeinden dieselbe Übergangswahrscheinlichkeit zugrunde liegt). Wie auch schon in obigen Scatter-Plot mit österreichischen Daten ersichtlich, widerlegen auch Butler und Stokes die praktische Gegebenheit dieser Annahme. Später bringt auch King (1997) Beispieldatensätze dafür, wo homogene Übergangswahrscheinlichkeiten keineswegs erfüllt sein können, wobei dort aber als erklärende Variable die Hautfarbe der jeweiligen Person und nicht die Wahlentscheidung bei der vergangenen Wahl verwendet wird. In der weiteren Forschung sollte daher dem Herausfinden von homogenen Wahlgebieten wesentlich größere Bedeutung zukommen.

Zum Auffüllen der Wähler-Übergangsmatrizen (Kontingenztafeln) verwenden Butler und Stokes ein mehrstufiges Verfahren, in dem statistische Regression keine Rolle spielt. Es werden Zensusdaten über Gestorbene, Neuwähler und Migranten und deren Parteipräferenzen (Basierend auf Umfragen) bzw. Panels für die Schätzung der Übergänge jener Personen, die an beiden Wahlen beteiligt waren, verwendet. Damit die Randsummen erhalten bleiben, wird eine Ausgleichsrechnung durchgeführt, die dem Verfahren der Ausgleichsrechnung nach Rothkirch (vgl. dazu Hoschka und Schunck, 1975) ähnlich sein dürfte.

Den Methoden von Butler und Stokes steht der Ansatz von Hawkes (1969) ziemlich konträr gegenüber, da es sich hier ausschließlich um ein statistisches Modell handelt. Hier wird nun eine oben erwähnte multiple lineare Regression durchgeführt, wobei Hawkes verschiedene Modelle und Schätzungen vergleicht.

Wenn X_{ni} die Stimmensumme der Partei i bei der Vorwahl in Gemeinde n und Y_{nj} die Stimmensumme der Partei j bei der aktuellen Wahl und p_{ij} der Anteil der Wähler der Partei i bei der Vorwahl, die diesmal Partei j ihre Stimme gegeben haben, bezeichnen, wird also im wesentlichen das lineare Modell

$$Y_{nj} = \sum_{i=1}^{I} X_{ni} p_{ij} + \varepsilon_{nj} \text{ für alle } j = 1,\ldots,J \text{ und } n = 1,\ldots,N$$

gerechnet, wobei die Stimmensummen in jeder Gemeinde bei der Neuwahl und bei der Vorwahl durch Änderung der absoluten Stimmenzahlen unter Konstanthaltung der Anteile verändert werden.

Dieses Modell ist bis heute wohl das am weitesten verbreitete Modell und macht, wie oben anhand der Grafiken deskriptiv gezeigt durchaus Sinn. Dennoch ergeben sich einige notwendige Entscheidungen, wie dieses Modell genau spezifiziert und geschätzt werden soll. Diese Diskussionen ziehen sich bis zum heutigen Tag und sind auch Gegenstand der vorliegenden Dissertation.

Nahe liegend ist es nun, dieses Modell durch den gewöhnlichen Kleinste-Quadrate-Schätzer zu schätzen, also die Aufgabe

$$\sum_{n=1}^{N} \sum_{j=1}^{J} \left(Y_{nj} - \sum_{i=1}^{I} X_{ni} p_{ij} \right)^2 \to \min p_{ij}$$

zu lösen. Wie schon oben bei Bruckmann erwähnt, sollte die Tatsache der Varianzinhomogenität (Heteroskedastizität) nicht unberücksichtigt bleiben. Die Stimmensummen S_n schwanken naturgemäß in größeren Gemeinden stärker. Betrachtet man statt den Stimmensummen die Stimmenanteile, so schwanken diese eher in kleinen Gemeinden stärker und die Korrektur muss selbstverständlich in die andere Richtung erfolgen.

Beide Male ist bekanntermaßen $\sqrt{S_n}$ der adäquate Korrekturfaktor für die Residuen aus dieser Regression.

Hawkes wählt überhaupt einen anderen Zugang. Er fügt dem Modell eine stochastische Komponente zu, indem er das Wahlverhalten jedes einzelnen Wählers als Multinomialexperiment modelliert. Für jeden Wähler von Partei i bei der Vorwahl wird eine Wahrscheinlichkeit p_{ij} zugeordnet, mit der er bei der aktuellen Wahl Partei j wählt. Klarerweise gilt dann $\sum_{j=1}^{J} p_{ij} = 1$ für alle j. Unter der oben beschriebenen oft fälschlichen Annahme unabhängiger Wahlentscheidungen können Erwartungswerte, Varianzen und Kovarianzen der Stimmensummen (bzw. Anteile) bei der aktuellen Wahl angegeben werden. Nachdem das Modell in diesem Punkt dem in dieser Dissertation behandelten entspricht, wird darauf detailliert in Kapitel 3 eingegangen.

Aus obigen Annahmen ergibt sich eine Normalverteilung für die Fehler der Regression sowie Varianzen, die unter anderem von den Stichprobengrößen S_n abhängen, wie auch Kovarianzen zwischen den Fehlern unterschiedlicher Parteien in ein und derselben Gemeinde. Für eine realitätsgetreuere Schätzung ist diese Modellerweiterung eine wichtige Spezifikation.

Hawkes testet drei verschiedene Modelle mit stark unterschiedlichen Erfolg, verwendet aber alle Modelle über das gesamte Wahlgebiet ohne Aufteilung in homogene Gruppen. Es wird allerdings über die gesuchten Parameter p_{ij} nie gemeinsam optimiert, sondern die Varianz-Kovarianz-Matrizen, die ebenfalls von den p_{ij} abhängen, werden separat geschätzt. Die geschätzten Koeffizienten liegen aber (besonders im schlechtesten

Modell, das eindeutig als unpassend qualifiziert wurde) in vielen Fällen außerhalb der für eine Wahrscheinlichkeit bzw. einen Anteil zulässigen Werte ($\in [0,1]$).

Diese Schwäche ist bei allen Anwendern solcher Verfahren bekannt und ist mit einer der Hauptgründe, warum Ergebnisse von solchen Verfahren oft sehr kritisch betrachtet werden. King (1997) berichtet beispielsweise von einer Tabelle eines Sachverständigen beim US-amerikanischen Bundesgericht, die ein auf Goodman (1953) zurückgehendes Verfahren verwendet (also ökologische Regression) und tatsächlich zu Aussagen kommt, wonach beispielsweise in einem speziellen Bezirk in Ohio State 109,63% der Schwarzen den demokratischen Kandidaten bei der Präsidentenwahl gewählt haben (S.16). Der US Supreme Court hat vorher bestätigt, dass Verfahren dieser Art für diese Anwendungen passend sind. Demgemäß werden die irrationalen Ergebnisse solcher Verfahren oft gar nicht hinterfragt. Umgekehrt besteht natürlich auch die Gefahr, wenn mit solchen Verfahren (zufällig) Raten geschätzt werden, die knapp unter 100% sind, dass man diesen Werten ohne Vorbehalt Glauben schenkt. Jedoch zeigt sich hier die Notwendigkeit, diese Methodenschwäche zu lösen.

Eine Möglichkeit diskutieren Hoerl und Kennard (1970a,b) mit dem Verfahren der Ridge Regression, deren Notwendigkeit auch dadurch begründet wird, dass bei der multiplen Regressionsanalyse die Schätzungen der Parameter manchmal unverlässlich sind und hohe Varianzen aufweisen. Kleine Veränderungen in den Daten können oftmals zu großen Veränderungen in den Schätzern führen, die inhaltlich nicht gerechtfertigt werden können. Der Grund dafür sind hohe Korrelationen zwischen den Regressorvariablen und damit eine Verletzung des

Spezialfalles einer orthogonalen Designmatrix. Diese Multikollinearität hat laut den Autoren die Folge, dass die zu schätzenden Parameter betragsmäßig höhere Werte bekommen und damit die Plausibilitätsgrenzen sprengen. Gerade bei Wahldaten ist dieses Problem evident, da die Variablen aufgrund der Nebenbedingungen (Summe der Anteile in einer Gemeinde = 100%) korreliert sein müssen. Für die einzelnen Bundesländer bei der Nationalratswahl 1999 (die in Abschnitt 4.4.2 als Regressormatrix dienen wird), sind die Korrelationen in Tabelle 5 aufgelistet (Korrelationen, die betragsmäßig größer als 0,6 sind, sind markiert).

Tabelle 5: Korrelationen der Stimmenanteile bei der Nationalratswahl 1999, nach Bundesländern.

Burgenland

	SP	VP	FP	GR	AN
VP	-0,73				
FP	-0,21	-0,39			
GR	-0,09	-0,21	0,10		
AN	-0,01	-0,27	0,14	0,55	
NW	-0,11	-0,35	0,19	0,17	0,14

Kärnten

	SP	VP	FP	GR	AN
VP	-0,52				
FP	-0,47	-0,22			
GR	0,06	-0,22	-0,16		
AN	0,20	-0,18	-0,50	0,46	
NW	-0,42	-0,10	0,00	-0,14	-0,05

Niederösterreich

	SP	VP	FP	GR	AN
VP	-0,86				
FP	0,06	-0,37			
GR	0,03	-0,32	0,06		
AN	0,16	-0,48	0,20	0,67	
NW	0,13	-0,46	0,09	0,21	0,32

Oberösterreich

	SP	VP	FP	GR	AN
VP	-0,71				
FP	-0,19	-0,42			
GR	0,17	-0,32	-0,10		
AN	0,25	-0,44	-0,02	0,59	
NW	0,04	-0,51	0,23	0,04	0,22

Salzburg

	SP	VP	FP	GR	AN
VP	-0,56				
FP	-0,28	-0,31			
GR	-0,22	-0,30	0,00		
AN	-0,27	-0,19	-0,08	0,76	
NW	-0,14	-0,52	0,15	0,21	0,22

Steiermark

	SP	VP	FP	GR	AN
VP	-0,78				
FP	-0,49	0,06			
GR	-0,04	-0,23	0,00		
AN	0,11	-0,37	-0,04	0,56	
NW	-0,07	-0,40	0,00	0,17	0,22

Tirol

	SP	VP	FP	GR	AN
VP	-0,59				
FP	0,09	-0,65			
GR	0,21	-0,44	0,26		
AN	0,21	-0,48	0,31	0,56	
NW	-0,19	-0,33	-0,02	-0,24	-0,13

Vorarlberg

	SP	VP	FP	GR	AN
VP	-0,77				
FP	0,43	-0,71			
GR	0,16	-0,41	0,19		
AN	0,42	-0,61	0,38	0,46	
NW	0,11	-0,51	0,06	0,06	0,17

Wien

	SP	VP	FP	GR	AN
VP	-0,49				
FP	0,98	-0,39			
GR	-0,49	0,61	-0,40		
AN	-0,50	0,70	-0,41	0,97	
NW	-0,63	-0,28	-0,71	-0,27	-0,30

Nicht verwunderlich ist jeweils die hohe negative Korrelation der beiden Großparteien SPÖ und ÖVP. Ansonsten gibt es aber außer in Wien nicht wirklich viele Korrelationen, die über der moderaten Grenze von $|r_{XY}| = 0{,}6$ überschreiten. In Abschnitt 4.4.3.1 wird allerdings gezeigt werden, dass gerade die vielen stark positiven Korrelationen in Wien (auch zwischen stimmenstarken Parteien) zu intuitiv wenig vernünftig scheinenden Schätzern führen. Das generelle Konzept ist hier, den Kleinste-Quadrate-Schätzer im unrestringierten linearen Modell

$$\hat{\beta} = (X^t X)^{-1} X^t y \text{ durch}$$

$$\hat{\beta} = (X^t X + kI)^{-1} X^t y$$

zu ersetzen, wobei $k > 0$ gewählt wird. Das führt zu verzerrten Schätzern $\hat{\beta}$ für β. Der Vorteil ist aber, dass man durch geeignete Wahl von k Schätzer bekommen kann, die einen geringeren Mean Squared Error (MSE) aufweisen. Hoerl und Kennard (1970a) haben sogar nachgewiesen, dass immer ein k existieren muss, welches zu einem kleineren MSE führt. Das Problem ist jedoch, dass unbekannt ist, wo dieses k liegt. Im wesentlichen sieht man sich hier mit einem Bias-Varianz-Dilemma konfrontiert, das unter anderem auch bei der Wahl der Fensterbreite in der Theorie der Kerndichteschätzern in der Statistik auftritt. Der Bias ist eine monoton steigende Funktion in k und die Varianz ist eine monoton fallende Funktion in k. Da der MSE die Summe aus Bias und Varianz ist, hängt es im wesentlichen von den ersten Ableitungen der beiden Funktionen ab, wo der MSE minimal ist. Die Autoren haben zusätzlich noch gezeigt, dass die erste Ableitung bei der Biasfunktion im Punkt $k = 0$ den Wert 0 und die Varianzfunktion im Punkt $k = 0$ bei einem schlecht konditionierten Problem gegen $-\infty$ strebt (Beweise siehe ebenfalls Hoerl und Kennard, 1970a). Das würde suggerieren das bereits sehr kleine Werte von k viel zur MSE-Reduktion beitragen.

Wesentlich ist hier aber, dass die Autoren erklären, dass eine Erhöhung von k praktisch einer Stauchung des Vektors $\hat{\beta}$ gleichkommt. Das ist insofern interessant, als dass die Einführung dieses Parameters k so etwas wie einer Restriktion für die Komponenten von $\hat{\beta}$ entspricht. Das heißt, wenn ein normales Regressionsproblem mit Nebenbedingungen für die Parameter (zunächst erscheinen die Grenzen 0 und 1 aus den genannten Gründen sinnvoll) definiert wird, ist diese Vorgehensweise sehr ähnlich zur Verwendung von Ridge Regression, was wiederum die von Soziologen kritisierte „künstliche Beschränkung" der Parameterschätzungen zwischen 0 und 1 aus anderer Sicht rechtfertigen würde.

Für das Finden eines geeigneten Wertes für k schlagen die Autoren einen Plot der so genannten „Ridge Trace" vor, einer Abbildung der Schätzwerte für die Komponenten von β in Abhängigkeit von k. k sollte so hoch gewählt werden, dass sich die Komponenten bereits auf ein mehr oder weniger stabiles Niveau „eingeschwungen" haben. Die alternative vorherige Durchführung einer Hauptkomponentenanalyse wird von den Autoren nicht gutgeheißen.

Für den Ablauf einer Hochrechnung ist das Suchen des Einschwingen des Systemes sicher nicht praktikabel, falls nicht schon in der Vergangenheit plausible Werte für k eruiert wurden, wie es z.B. Brown und Payne (1975) beschreiben. Bestenfalls bei der Wählerstromanalyse am Schluss kann das berücksichtigt werden. Angesichts der Ähnlichkeit zur Verwendung von Parameterrestriktionen erscheint diese Vorgehensweise dennoch „unhandlich".

Brown und Payne verwendeten zur Hochrechnung bei englischen Parlamentswahlen bereits sehr differenzierende Modelle zur Vorhersage. An dieser Stelle sei erwähnt, dass das Ziel der Hochrechnung in England beispielsweise die Voraussage der Sitze bzw. daher die alleinige Voraussage der Mehrheitsparteien in den einzelnen Wahlkreisen ist, wohingegen in Österreich in erster Linie die bundesweiten Prozentsätze der Parteien vorausgesagt werden sollen. Daher werden Methodenschwächen bei englischen Wahlen wahrscheinlich weniger ins Gewicht fallen, insbesondere bei Wahlkreisen mit satten Mehrheiten. Um so mehr müssen hier aus Prognosen abgeleitete Wählerwanderungsbilanzen hinterfragt werden.

Bei Brown und Payne ist das primäre Interesse jedoch die Hochrechnung und diese wurde jeweils mit dem Verfahren der Ridge Regression durchgeführt. Das verwundert nicht, weil es hier wahrscheinlich unwichtiger ist, eine unverzerrte Schätzung zu haben, als mit hoher Wahrscheinlichkeit nahe am Endergebnis zu liegen für den Preis einer systematischen Unterschätzung.

Die Differenzierung erfolgt hier in drei Typen von Wahlkreisen. Solche die aufgrund überhaupt ihrer schlechten Vorhersagbarkeit überhaupt nicht modelliert wurden. Eine zweite Gruppe, in der neben Konservativen und Labour auch noch Liberale bei der Vorwahl und der aktuellen Wahl kandidierten wurde mittels multipler Regression geschätzt. Schließlich gibt es auch viele Gemeinden, die nur von 2 Parteien beherrscht werden, wo bestenfalls bei der aktuellen Wahl Liberale erstmals kandidierten. Diese wurden mittels univariater Regression vorhergesagt. Weitere regionale Wahlgebietsunterteilungen wurden nicht durchgeführt, lediglich im Modell der univariaten Regression wurde eine regionale Dummyvariable und eine Dummyvariable für die Gemeinden, wo erstmals Liberale kandidierten, eingeführt. Beide Regressionen wurden jedoch mit homoskedastischen

Störtermen durchgeführt. Die Unterschiedlichkeit der Gemeindegrößen ist aber in England nicht so stark ausgeprägt wie in Österreich.

Die Berechnung der Regression ist bei Brown und Payne aber noch nicht der Endpunkt. Aus den geschätzten Übergangwahrscheinlichkeiten zwischen Kandidaten und Parteien wurde zu jedem Zeitpunkt der Hochrechnung eine Matrix abgeleitet, die für jeden Wahlkreis die Wahrscheinlichkeit des Sieges des jeweils kandidierenden Kandidaten auswies. Die schlussendliche Schätzung der Sitzverteilung ist dann einfach die Summe dieser Wahrscheinlichkeiten über alle Wahlkreise. Im Falle der nicht modellierten Wahlkreise wurden a-priori-Wahrscheinlichkeiten festgelegt.

Wie man sieht, ist das ein sehr detaillierter und differenzierter Satz an Methoden, welche hier zur Anwendung kommen und das unterstreicht auch die Notwendigkeit der Erfahrung in diesem Bereich.

Dass aber in England auch Verfahren mit weniger Expertenwissen zu beachtlichen Vorhersageerfolgen führen, beweist Hawkes (1969), der mit dem bereits erwähnten Multinomialmodell zur Schätzung der Wechselwähleranteile auch eine Hochrechnung mit ca. einem Viertel der Daten durchgeführt hat und in 48 von 49 Wahlkreisen den Sieger richtig prognostiziert hat.

Im deutschsprachigen Raum ist neben Bruckmann auch die umfassende Methodendarstellung der INFAS-Wahlhochrechner Hoschka und Schunck (Hoschka und Schunck, 1975) zu erwähnen. Die Autoren beschäftigen sich mit den verschiedenen Möglichkeiten Wählerwanderungen zwischen zwei Wahlen zu schätzen und führen bei jedem der Verfahren (Exit-Poll, Panel, ökologische Regression, bzw. „integrierte Ansätze") eine Reihe von Unzulänglichkeiten an, was zu einer pessimistischen Darstellung führt.

Tatsächlich wurden einige Probleme im Zusammenhang mit der Wählerstromanalyse und der Wahlhochrechnung aufgrund von Aggregatdaten noch nicht angesprochen, wie beispielsweise die Veränderung der wahlberechtigten Bevölkerung von einer Wahl zur anderen. Hawkes (1969) rechnet einfach die Stimmensummen prozentuell so um, dass die Anzahl der Wahlberechtigten in jeder Gemeinde bei der Vorwahl und der aktuellen Wahl gleich sind und wählt damit die einfachste und am häufigsten verwendete Methode. Diese Vorgehensweise beinhaltet aber schon spezielle Hypothesen über das Wahlverhalten von Neuwählern, verstorbenen Wählern, zu- bzw. abgezogenen Wählern. Neuwirth (1984) beschreibt einige Modelle, die diese Veränderung berücksichtigen, jedoch ist die Schätzung oft aufgrund mangelnder Daten nicht möglich. Verfügbar sind oft nur die Wahlberechtigtenzahlen bei den beiden Wahlen und nicht, wodurch etwaige Veränderungen dieser Zahlen verursacht wurden. Lediglich bei einer Senkung des Wahlalters von einer zur nächsten Wahl könnte mittels Daten der Bevölkerungsstatistik und Umfragedaten ausgeholfen werden. Während in Österreich die Fluktuation nicht so hoch sein dürfte, ist im Beitrag von Hoschka und Schunck von einer Veränderung des Elektorates beispielsweise zwischen den Wahlen von 1970 und 1974 in Hamburg von 24% die Rede. Die Anteil an gestorbenen Wählern von einer Wahl zur nächsten (4 Jahre) wird hier mit ca. 7% angegeben. Ebenso der Zuwachs an Jungwählern. An diesen Zahlen wird sich wohl seither nicht sehr viel geändert haben. Wenn in Österreich das Zuzug- und Abzugverhalten in etwa gleichgroß ist wie die Änderungen durch Sterbende und Neuwähler, dann kann also immerhin von einem Anteil von durchschnittlich ca. 85% an Wählern, die bei beiden Wahlen in der betreffenden Gemeinde gewählt haben, ausgegangen werden.

Weiters sprechen die Autoren auch die bereits diskutierten Probleme der Multikollinearität und der Heteroskedastizität an, die aber insbesondere im vorliegenden Modell (Kapitel 3) entschärft werden. Die Kritik, wonach Wählerströme zwischen zwei Parteien, die sich aufheben, nicht festgestellt werden können, wurde bereits von Ogris (1993) widerlegt. Vergleichsweise harmlos sind auch die angesprochenen Schwierigkeiten durch Veränderungen in den Wahlgebieten aufgrund von Zusammenlegungen bzw. Teilung von Wahlkreisen, solange diese in einem geringen Ausmaß auftreten bzw. identifiziert werden kann, welche Wahlkreise aus welchen entstanden sind.

Abschließend soll nun etwas ausführlicher auf zwei Kritikpunkte eingegangen werden, die ebenfalls immer wieder in der Literatur auftauchen.

1. Das Problem homogener Übergangswahrscheinlichkeiten

Dass die Wechselwähleranteile im ganzen österreichischen Wahlgebiet sicher nicht homogen sind, konnte schon in Abbildung 3 gezeigt werden. Der Frage, ob zumindest innerhalb der einzelnen österreichischen Bundesländer einigermaßen homogene Übergänge existieren, soll im folgenden nachgegangen werden. Als diagnostische Beurteilung empfiehlt King (1997) einen so genannten Tomography-Plot[2]. Er schlägt für 2×2-

---

[2] King wählt die Bezeichnung in Anlehnung an das Problem der Tomographie, wo beispielsweise in der Medizin versucht wird, durch Röntgenstrahlen, die in verschiedenen Winkeln verlaufen und Teilaspekte eines zu untersuchenden Körperteiles liefern, ein größeres, höherdimensionales „Ganzes" zu rekonstruieren. Die Gemeinden sind hier die „Röntgenstrahlen" und das Ziel ist, die einzelnen Gemeindeinformationen für eine Überprüfung der Homgenität der Wechselanteile zu verwenden.

Tabellen (in seinem Beispiel US-Bürger schwarzer und weißer Hautfarbe vs. Wähler/Nichtwähler) eine Darstellung vor, bei der für jeden Wahlkreis eine Linie gezeichnet wird, die den Zusammenhang zwischen der bedingten Wahrscheinlichkeit $p(Nichtwähler \mid weiß)$ auf der Abszisse und der bedingten Wahrscheinlichkeit $p(Nichtwähler \mid schwarz)$ auf der Ordinate zeigt. Dieser Zusammenhang ist folgendermaßen festgelegt. Bei den in Tabelle 6 gegebenen Randsummen folgt, dass wenn die bedingte Wahrscheinlichkeit $p(Nichtwähler \mid schwarz) = 0\%$ ist, die Wahrscheinlichkeit $p(Nichtwähler \mid weiß) = 50\%$ sein muss (mittlere Tabelle) bzw. wenn $p(Nichtwähler \mid schwarz) = 25\%$ ist, die Wahrscheinlichkeit $p(Nichtwähler \mid weiß) = 0\%$ sein muss (rechte Tabelle). In einem Diagramm, in dem der Zusammenhang dieser beiden bedingten Wahrscheinlichkeiten nun dargestellt wird, liegen alle Punkte in jedem Wahlkreis auf einer Geraden, und zwar im vorhandenen Fall auf einer Geraden, die durch die Punkte (0;0,5) und (0,25;0) geht.

Tabelle 6: Mögliche Kontingenztafeln bei gegebenen Randsummen.

	Wähler	NW			Wähler	NW			Wähler	NW	
s	?	?	80	s	80	0	80	s	60	20	80
w	?	?	40	w	20	20	40	w	40	0	40
	100	20	120		100	20	120		100	20	120

Da im konkreten Fall der österreichischen Nationalratswahl beide Variablen der Kontingenztafel mehrere Ausprägungen haben (die verschiedenen Parteien bei den beiden Wahlen), hat man es mit größeren Tabellen wie in der Größenordnung von Tabelle 2 bzw. Tabelle 3 zu tun. Um dennoch für die österreichischen Wahldaten solche Tomography-Plots zu zeichnen wurde daher aus den vorhandenen Tabellen 2×2-Tabellen aggregiert die als jeweilige Faktoren „hat Partei X gewählt oder nicht" verwendet haben.

Im folgenden werden nun einige solcher Tomography-Plots neben den zugehörigen Scatterplots für österreichische Wahldaten dargestellt (Abbildung 4 bis Abbildung 12). In den Scatterplots ist jeweils auch die Regressionsgerade des unrestringierten Kleinste-Quadrate-Schätzers eingezeichnet.

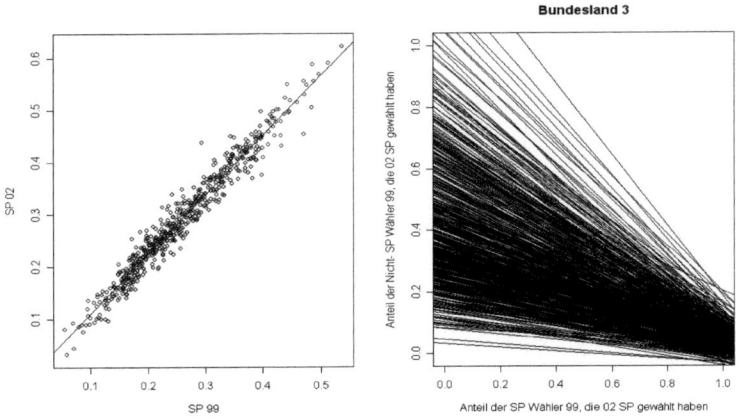

Abbildung 4: Tomography-Plot SP 1999- SP 2002, Niederösterreich.

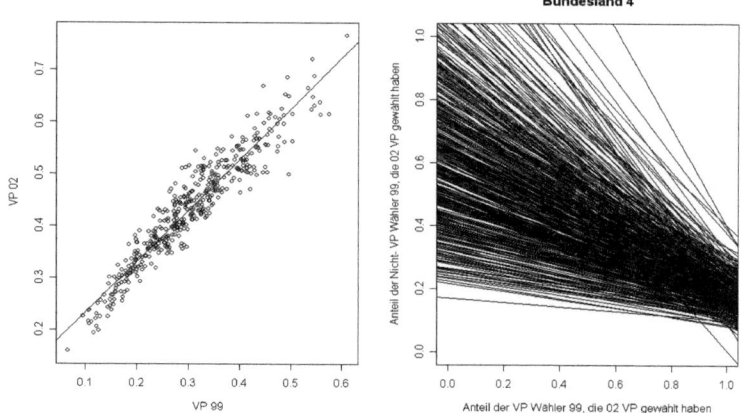

Abbildung 5: Tomography-Plot VP 1999- VP 2002, Oberösterreich.

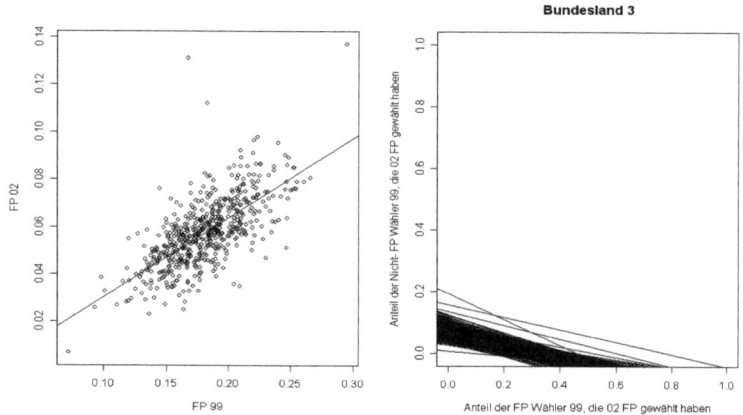

Abbildung 6: Tomography-Plot FP 1999- FP 2002, Niederösterreich.

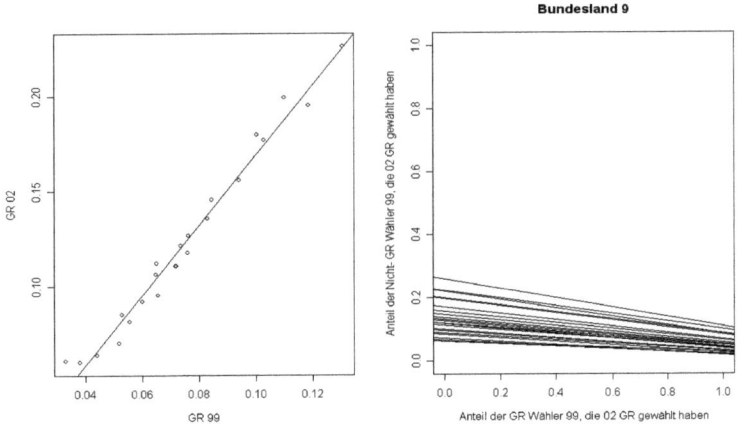

Abbildung 7: Tomography-Plot GR 1999- GR 2002, Wien.

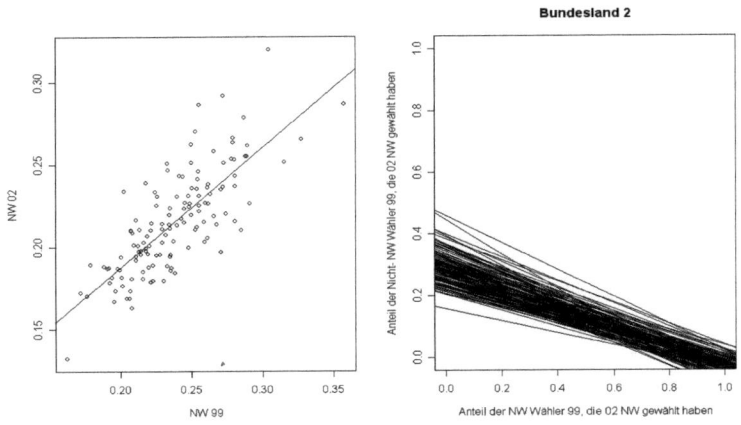

Abbildung 8: Tomography-Plot NW 1999- NW 2002, Kärnten.

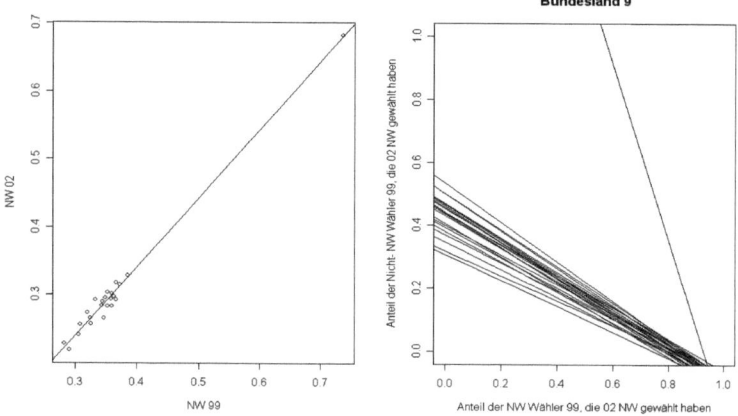

Abbildung 9: Tomography-Plot NW 1999- NW 2002, Wien.

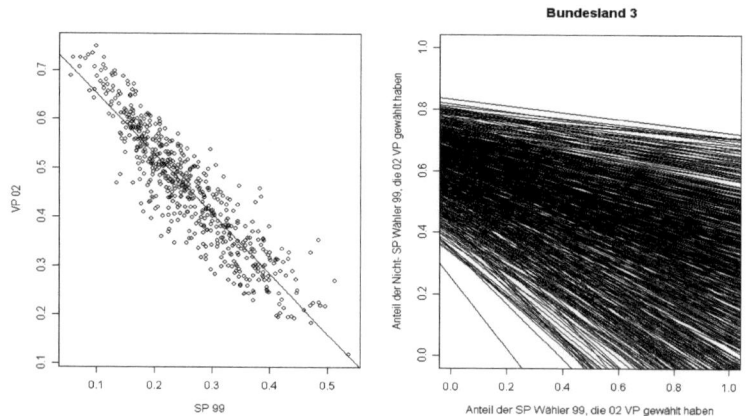

Abbildung 10: Tomography-Plot SP 1999- VP 2002, Niederösterreich.

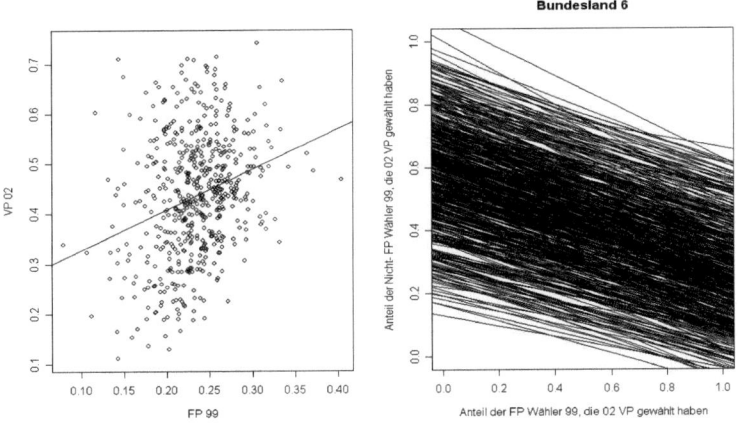

Abbildung 11: Tomography-Plot FP 1999- VP 2002, Steiermark.

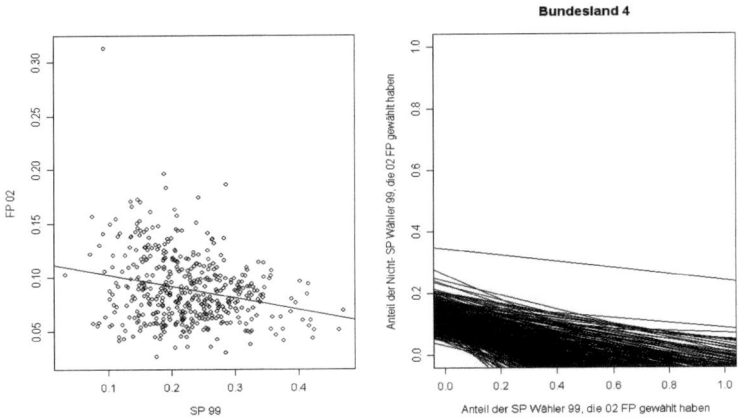

Abbildung 12: Tomography-Plot SP 1999- FP 2002, Oberösterreich.

Würde die Hypothese homogener Wechselanteile zwischen den Parteien in allen Gemeinden eines Bundeslandes gelten, müssten sich im jeweiligen Tomography-Plot alle Linien in einem Punkt kreuzen. Die tatsächlich wahre Wechselrate in jeder Gemeinde kann man sich als einen Punkt unbekannter Position auf der jeweiligen Gerade vorstellen. Das heißt, wenn sich alle Geraden in einem Punkt kreuzen würden, und das bei allen paarweisen Tomography-Plots in einem Wahlgebiet, hätten wir eine notwendige, aber nicht hinreichende Bedingung für Homogenität. Hinreichend wäre erst, wenn sich alle Punkte unbekannter Position im Geradenschnittpunkt vereinigen würden.

Aus Sicht der Stichprobentheorie ist die Sache nicht so strikt. Nachdem die beobachteten Anteile ja als Ergebnisse von Zufallsprozessen betrachtet werden können bzw. müssen (siehe das vorliegende Modell, Kapitel 3), genügt es, homogene Übergangswahrscheinlichkeiten zu unterstellen. Damit hat die Interpretation der geschätzten Übergänge p_{ij} als Wahrscheinlichkeiten und nicht als Anteile für die Veröffentlicher von Wählerstromanalysen einen entscheidenden Vorteil. Zusätzlich zur „Beinahe"-Unmöglichkeit, eine veröffentlichte Wählerstromanalyse zu falsifizieren ist es auch schwerer möglich, Verletzungen der Homogenität in der Übergangswahrscheinlichkeiten auszumachen. Diese Stichprobenschwankung, die sich dann in den verschiedenen Wechselwähleranteilen manifestiert entspricht jedoch dem Wesen der Statistik und ist im Rahmen des Stichprobenfehlers keine Modellverletzung. Mit diesem Hintergrundwissen seien die Abbildung 4 bis Abbildung 12 nun nochmals betrachtet.

Die ersten sechs Grafiken stellen die Übergänge jeweils aus Sicht derselben Partei zwischen 1999 und 2002 dar. Es scheint hier wirklich so, als würden sich in jedem Plot die Geraden zumindest in einem sehr engen Bereich treffen. Angesichts der Beispiele, die bei King (1997) gebracht wurden, sehen diese Plots fast wie der Idealfall aus. Bei der SPÖ würde man diesen Punkt vermutlich ziemlich weit rechts auf Höhe von ca. 0,1 der

Ordinate identifizieren, was für leichte Zugewinne von den anderen Parteien spricht. Bei der ÖVP liegen die Zugewinne deutlich höher. Was man hier auch sehr gut sieht sind Gemeinden, die sehr stark abweichen (wie z.B. in Wien der 1. Bezirk mit seinem hohen Nichtwähleranteil, Abbildung 9), was in Hinblick auf die Verwendung von Kleinste-Quadrate-Methoden auch zu denken geben sollte. Die ersten sechs Grafiken stehen stellvertretend für die selben Grafiken in anderen Bundesländern. Hier gibt es kaum Unterschiede.

Bei den letzten drei Grafiken handelt es sich um Übergange von einer Partei zur anderen. Wie unschwer erkennbar ist, liegen die Geraden nun nicht mehr so eng beieinander. Während Abbildung 10 noch eine der besseren ist, hat man spätestens bei Abbildung 11 nicht mehr das Gefühl, dass das Zusammenspiel der Wahlwahrscheinlichkeiten von FPÖ- bzw. Nicht-FPÖ-Wählern von 1999 für die ÖVP 2002 in allen steirischen Gemeinden gleich ist.

Hier muss allerdings folgendes angemerkt werden: Die Grafiken eignen sich bei größeren als 2×2-Kontingenztafeln nur mehr, um zu zeigen, dass die Annahme homogener Übergangswahrscheinlichkeiten nicht zwingend falsch sein muss. Schneiden die Linien nicht in einem Punkt, kann das bei größeren Kontingenztafeln auch dadurch verursacht sein, dass sich bezüglich der Parteianteile bei den einzelnen Wahlen heterogene Gemeinden in ein und demselben Wahlgebiet befinden. Wenn sich im Tomography-Plot die Linien dann nicht schneiden, muss das dann noch nicht heißen, dass die Übergangswahrscheinlichkeiten nicht homogen sind.

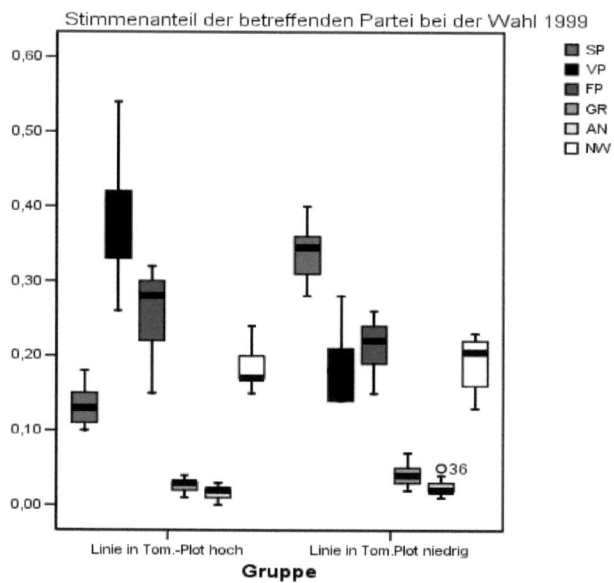

Abbildung 13: Homogenitätsprüfung via Boxplots, 1999.

Um diese Möglichkeit bei Abbildung 11 nachzuvollziehen, wurden die Daten weiter überprüft. Es wurden die 10 Gemeinden, deren Achsenabschnitt der Gerade im Tomography-Plot am nächsten bei 0,8 liegen mit den 10 Gemeinden, deren Achsenabschnitt der Gerade im Tomography-Plot am nächsten bei 0,4 liegen deskriptiv nach den Anteilen der kandidierenden Parteien bei den beiden Vergleichswahlen verglichen. Nachdem die Linien alle ziemlich parallel verlaufen, wird versucht, den Höhenunterschied der beiden Gemeindegruppen durch Unterschiede in der Wählerschaft zu erklären. Die Abbildung 13 und Abbildung 14 zeigen die Resultate.

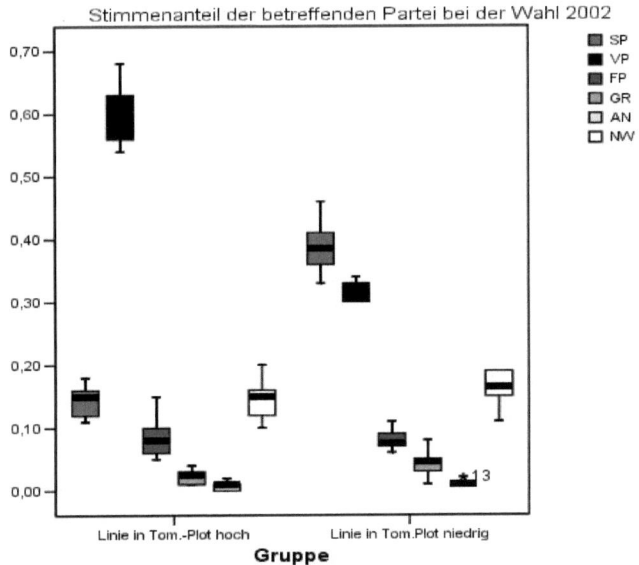

Abbildung 14: Homogenitätsprüfung via Boxplots, 2002.

Wie vermutet spielt die generelle Struktur der Wählerschaft hier die entscheidende Rolle. Im Falle der höheren Linien handelt es sich bei beiden Wahlen um die ÖVP-dominierte Gemeinden, wohingegen die niedrigen Linien von Gemeinden mit SPÖ-Mehrheiten stammen. Daher muss in Anbetracht dieser Ergebnisse auch Abbildung 11 keine Modellverletzung sein. Jedenfalls sind gerade innerhalb der Steiermark zumindest zwei bezüglich der politischen Machtverhältnisse stark unterschiedliche Gruppen an Gemeinden festzustellen und man sollte sich dieser Inhomogenität der Wählerschaft dieses Bundeslandes zumindest bewusst sein.

Dass auch die Wechselwähler-Anteile bei konstanten Wechselwähler-wahrscheinlichkeiten schwanken können, soll durch Tabelle 7 gezeigt werden, wo die Verteilung der zugrundeliegenden Gemeindegrößen bei der

Nationalratswahl 1999 über die verschiedenen Bundesländer angedeutet werden soll. In der Steiermark haben beispielsweise die Hälfte der Gemeinden weniger als 960 Wahlberechtigte und ein Viertel sogar weniger als 537. Werden dann auch noch auf Wahlentscheidungen bedingte Wahrscheinlichkeiten behandelt, ist evident, dass die resultierenden beobachteten Anteile deutlichen Schwankungen unterworfen sein können.

Tabelle 7: Quartile der Wahlberechtigtenzahlen, nach Bundesländern.

					Bundesland				
		Burgenland	Kärnten	NÖ	OÖ	Salzburg	Steiermark	Tirol	Vorarlberg	Wien
	0	54	525	58	181	216	101	44	96	16083
	1	704	1098	854	803	908	538	532	468	31363
Quartil	2	999	1627	1229	1305	1817	960	916	1147	48887
	3	1516	2674	1988	2061	2706	1495	1671	2061	56333
	4	8738	69067	36884	136202	99164	179656	81813	27919	107120

Zusammengefasst kann aus Sicht des Autors mit diesen vorhandenen diagnostischen Mitteln die Annahme homogener Übergangswahrscheinlichkeiten zumindest nicht widerlegt werden.

2. Restringieren der Parameter zwischen 0 und 1 und Zusammenhang mit anderen Verfahrensansätzen

Die Eigenschaft des ökologischen Regressionsmodelles, Schätzer für Wählerübergangswahrscheinlichkeiten/-Anteile zu produzieren, die nicht zwischen 0 und 1 liegen, wurde bereits erwähnt. Hier gibt es sehr kontroversielle Meinungen, wie zur Behebung solcher Anomalien vorgegangen werden soll.

Während bei Bruckmann (1966) das primäre Ziel die Hochrechnung ist und Koeffizienten jenseits dieser Grenzen nicht verworfen werden müssen, wurde mit dem Verfahren der Ridge Regression schon eine Möglichkeit beschrieben, wie de facto die Absolutbeträge der Schätzungen reduziert werden können. Küchler (1983) testet das Verfahren der Ridge Regression an deutschen Bundestagswahlen wobei er wie bei Miller (1972, zitiert in Küchler, 1983) vorgeht, nämlich indem er versucht, den Ridge-Parameter k solange zu erhöhen, bis alle geschätzten Koeffizienten im zulässigen Bereich zu liegen kommen. Andererseits sollen Ergebnisse erreicht werden, die von Umfragedaten nicht allzu weit abweichen.

Die Ergebnisse sind wenig zufrieden stellend. Küchler berichtet bei $k = 0$ von 6 von 16 Werten, die außerhalb des interpretierbaren Bereiches liegen und selbst bei Erhöhung bis zum vorgeschlagenen Maximalwert von $k = 1$ finden sich immer noch zwei Werte im „roten" Bereich. Allerdings werden dort bereits Behalteraten der Großparteien von nur ca. 70% geschätzt, was im Vergleich zu Umfragen deutlich tiefer ist. Hier erhärtet sich der Verdacht, dass bei einem derart hohen Wert für k der Bias eine nicht zu vernachlässigende Rolle spielt und die Vorteile der Ridge Regression nicht genützt werden können. Allerdings wird hier wieder ohne Berücksichtigung der Heteroskedastizität geschätzt, was in Deutschland jedoch nicht so stark ins Gewicht fallen dürfte. Es besteht aber trotzdem die Gefahr, Mängel in der adäquaten Modellierung des Problems anderswo auszugleichen. Küchler steht außerdem der Willkür in der Wahl von k berechtigterweise skeptisch gegenüber.

Hofinger und Ogris (2002) haben kürzlich ebenfalls einen Versuch unternommen, das Ausmaß an offensichtlichen Fehlschätzungen der Parameter auszugleichen, indem die Autoren einen Index definieren, der die „durchschnittliche Höhe der nicht interpretierbaren Teile der Koeffizienten" misst. Das Wahlgebiet wird solange geclustert, bis dieser Index ein Minimum erreicht. Den Autoren erscheint jene Gliederung des

Wahlgebietes am besten geeignet, in der die einzelnen Gemeinden in fünf gleichgroße Cluster nach dem Anteil der sozialdemokratischen Partei bei der Wahl 1999 (im Beispiel die „aktuelle Wahl") eingeteilt werden, was inhaltlich einer Unterteilung Stadt/Land entspricht. Dass die SP-Anteile mit den Gemeindegrößen korrelieren, ist in Abbildung 15 ersichtlich, wo für die Gruppeneinteilung von Hofinger und Ogris bei der angesprochenen Nationalratswahl gruppenweise die Verteilung der Gemeindegrößen dargestellt wird.

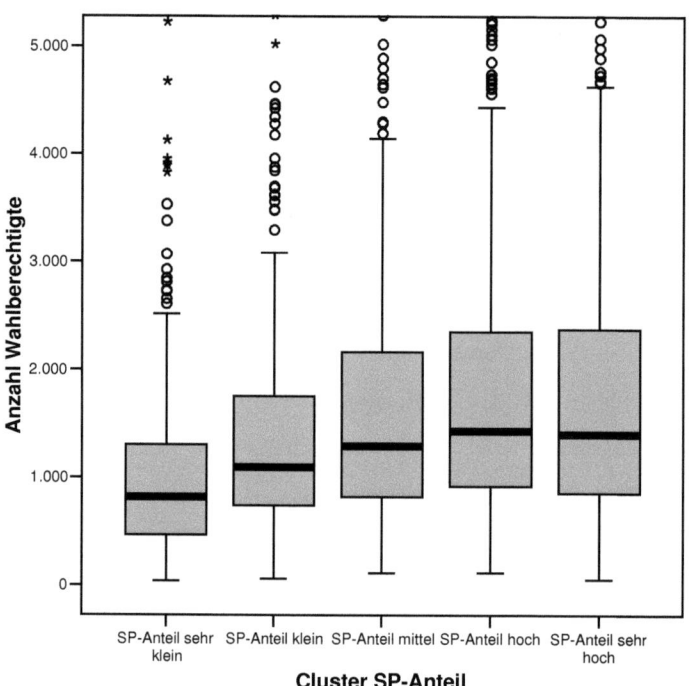

Abbildung 15: Clustering nach dem SP-Anteil bei der Nationalratswahl 1999 (Hofinger und Ogris, 2002).

Nachdem auch diese Autoren in ihren Modellen die Gegebenheit heteroskedastischer Fehler unberücksichtigt lassen, kann der niedrige Index (und damit die Verbesserung der Schätzungen) auch darauf zurückgeführt werden, dass durch diese Gruppierung die Gemeinden in homogenere Gebiete bezüglich ihrer Wahlberechtigtenzahlen eingeteilt wurden und der Mangel im Modell dadurch zumindest teilweise ausgeglichen wird. Kurz gesagt führen also Gemeinden mit ähnlichen SP-Anteilen zu Gruppen von Gemeinden mit ähnlicheren Wahlberechtigtenzahlen und damit zu Gruppen von Gemeinden mit ähnlicheren Varianzen der Schätzer und damit zu geringeren Modellverletzungen, wenn ein Modell mit gleichen Fehlervarianzen unterstellt wird.

Dies zeigt aber, dass dadurch kein Anlass besteht, den Schätzungen in höherem Ausmaß zu vertrauen, nur weil es dadurch weniger Werte im unzulässigen Bereich gibt. Eine größere Homogenität der Übergangswahrscheinlichkeiten innerhalb der Cluster kann durch diesen Ansatz nicht „bewiesen" werden. Damit scheint diese Methode wie jene von Miller eine weitere Heuristik zu sein.

Ein Kritikpunkt ist weiters, dass die Aufteilung der Gemeinden bei Hofinger und Ogris ex post vorgenommen wird. Das heißt, dass dieselbe Wahl sowohl für die eigentliche Wählerstromanalyse als auch dazu verwendet wird, die Gemeinden zu clustern, was statistisch gesehen nicht ganz sauber ist. Laut Eva Zeglovits[3] wird beim SORA-Institut die meiste Arbeit in eine gute Clustereinteilung investiert, wofür auch politisches Backgroundwissen günstig sei. Auf das Clustering wird aber weiter unten noch eingegangen.

---

[3] Interview mit Eva Zeglovits (SORA-Institut) am 19. Februar 2004

Neuwirth (1984) beschreibt die Möglichkeit, die Restriktionen in den zu schätzenden Parametern explizit in die Schätzungen miteinfließen zu lassen. Das ist ein nahe liegender Schritt, der jedoch zur Konsequenz hat, dass das somit erhaltene Optimierungsproblem kein Standard-Regressionsproblem mehr ist, das man mit Standard-Statistik-Software lösen kann. Es ergibt sich ein quadratisches Optimierungsproblem und die abgeleitete Kleinste-Quadrate-Schätzung muss auch nicht mehr, wie bei der unrestringierten Version der linearen Regression unter der Annahme normalverteilter Fehler, mit der Maximum-Likelihood-Schätzung übereinstimmen, wenn man vom bereits erwähnten Modell der Wahlentscheidung als Multinomialexperiment ausgeht. Das ist einerseits deshalb der Fall, weil in diesem Fall die Stimmensummen für verschiedene Parteien innerhalb einer Gemeinde nicht als unabhängig betrachtet werden können und weil andererseits auch die Varianzen neben der Gemeindegröße auch von den unbekannten Wählerübergangswahrscheinlichkeiten abhängen.

Diese plausiblen Restriktionen werden aber nicht überall gutgeheißen. Hoschka und Schunck (1975) beispielsweise bezeichnen diese Methode, nur inhaltlich mögliche Übergangswahrscheinlichkeiten auch wirklich als Schätzungen zuzulassen, als „mathematischen Kunstgriff". Unter Annahme der Modellgültigkeit muss diese Kritik aber zurückgewiesen werden. Schätzungen, die nicht zwischen 0 und 100% liegen sind eben unmöglich. Die Autoren begründen ihre Kritik auch damit, dass Koeffizienten, die vorher negativ oder größer als 100% waren bei Berücksichtigung der Restriktionen ohnehin an einer Randlösung des Parameterraumes zu liegen kommen (also mit 0% bzw. 100% geschätzt werden) und somit auch zu ziemlich unplausiblen Schätzungen führen, da angenommen werden muss, dass es wohl bei so vielen Daten in jeder Richtung Wechselströme geben wird.

Die Wichtigkeit dieser Restriktionen liegt aber ohnehin woanders. Viel wichtiger als die Änderung dieser Schätzungen, die am Rand liegen, ist die Änderung der Schätzungen die nicht am Rand liegen. Geht man von einer weiteren sinnvollen Restriktion aus, nämlich dass sich das aggregierte Wahlergebnis eines gesamten Wahlgebietes für die aktuelle Wahl aus Multiplikation des alten Wahlergebnisses mit der Übergangsmatrix ergeben soll, dann werden dadurch, dass „böse" Koeffizienten zur Grenze (und damit zu einer wirklich möglichen Lösung) gezwungen werden, natürlich auch die anderen Koeffizienten zu einer höchstwahrscheinlich „richtigeren" Lösung tendieren. Abbildung 16 soll das verdeutlichen:

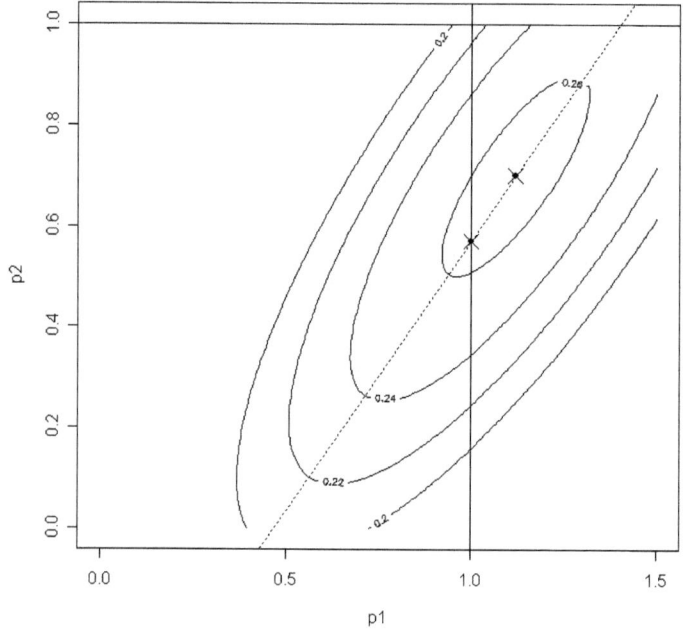

Abbildung 16: Höhenschichtlinien einer fiktiven Optimierungsfunktion (Rechtfertigung der Parameter-Restriktionen).

Das Optimum der dargestellten Funktion liegt hier ungefähr auf dem Punkt $p_1 = 1{,}1$ und $p_2 = 0{,}7$. Führt man als Parameterrestriktion $p_1 \leq 1$ ein, liegt auch der optimale Wert des Parameterunterraumes für p_2 niedriger.

Tabelle 8 und Tabelle 9 zeigen nun ein konkretes Beispiel, wo einmal in Oberösterreich ein unrestringierter und einmal ein restringierter Schätzer für die gleichen Daten verwendet wurde.

Tabelle 8: Übergangsraten Nationalratswahl 1999 auf Nationalratswahl 2002 in Oberösterreich, unstringierter Schätzer.

		2002					
		SPÖ	ÖVP	FPÖ	GRÜNE	andere	Ung+NW
1999	SPÖ	112,7%	-4,9%	-5,3%	0,9%	0,4%	-3,8%
	ÖVP	-9,0%	111,8%	-1,6%	-1,2%	-0,2%	0,1%
	FPÖ	4,3%	38,2%	49,5%	-6,8%	1,2%	13,6%
	GRÜNE	8,4%	6,3%	-4,2%	93,0%	1,0%	-4,4%
	andere	6,6%	27,6%	-9,2%	45,2%	13,8%	16,1%
	Ung+NW	7,3%	7,4%	1,5%	7,4%	1,2%	75,2%

Tabelle 9: Übergangsraten Nationalratswahl 1999 auf Nationalratswahl 2002 in Oberösterreich, restringierter Schätzer.

		2002					
		SPÖ	ÖVP	FPÖ	GRÜNE	andere	Ung+NW
1999	SPÖ	100,0%	0,0%	0,0%	0,0%	0,0%	0,0%
	ÖVP	0,0%	100,0%	0,0%	0,0%	0,0%	0,0%
	FPÖ	0,0%	48,7%	40,5%	0,0%	0,0%	10,8%
	GRÜNE	0,0%	19,1%	0,0%	78,4%	2,5%	0,0%
	andere	45,3%	0,0%	0,0%	54,6%	0,1%	0,0%
	Ung+NW	14,2%	4,0%	0,0%	2,8%	4,3%	74,6%

Brown und Payne (1986) stellen sich in ihrem Beitrag zu ökologischer Regression und Übergangswahrscheinlichkeiten die Frage, inwieweit Schätzungen der Übergangswahrscheinlichkeiten auf 0% bzw. 100% eine gute Approximation der Realität sind, indem sie Wahltagsbefragungen den Ergebnissen aus der ökologischen Regression gegenüberstellen. Es stellt sich heraus, dass 0% oft zwar eine zu niedrige aber nicht viel zu niedrige Schätzung ist. Außerdem wird vorgeschlagen, die Residuen als Kriterium für eine gute Anpassung des Modelles heranzuziehen, wie es bei einer Regressionsanalyse üblich ist. In Abschnitt 3.7 werden auch Residuen bei österreichischen Daten dargestellt.

An dieser Stelle sei erwähnt, dass es nur sehr wenige Arbeiten gibt, die die Schätzung von Wählerwanderungen mittels ökologischer Regression in irgendeiner Form mit einer anderen Methode überprüfen. Wenige weitere Beispiele finden sich bei Küchler (1983) und Seller (1992). Hawkes (1969) führt eine Simulationsstudie durch und verifiziert die Güte seiner Schätzungen so. King (1997) führt Beispiele an, bei denen ebenfalls die wahren Inhalte der Kontingenztafeln bekannt sind.

Die Schätzungen für alle Parameter zwischen 0 und 1 einzuschränken ist ein wichtiger Schritt, jedoch können die Grenzen noch stärker eingeschränkt werden. King (1997) verwendet in seinem zweistufigen Ansatz, der nicht die Annahme homogener Übergangswahrscheinlichkeiten voraussetzt, in der ersten Stufe die auf Duncan und Davis (1953) zurückgehende „Method of Bounds". Diese weist darauf hin, dass nicht nur die Kontingenztafel der bundesweiten Wahlergebnisse der beiden Wahlen (vgl. Tabelle 2 und Tabelle 3) zur Bestimmung engerer Grenzen verwendet werden kann, sondern dass in den Kontingenztafeln der einzelnen Gemeinden noch mehr Information liegt. Folgendes Beispiel soll das illustrieren: Betrachtet man Tabelle 1, wäre es theoretisch möglich, dass 100% aller SPÖ-Wähler von 1999 im Jahre 2002 der SPÖ wieder ihre Stimme gegeben haben (abgesehen von den im Modell nicht enthaltenen, weiter oben diskutierten Veränderungen des Elektorates). Betrachtet man jedoch die Gemeinde Dellach im Drautal (Tabelle 10), wurden folgende Stimmenzahlen 1999 und 2002 ausgezählt:

Tabelle 10: Stimmenanteile bei den Nationalratswahlen 1999 und 2002, Gemeinde Dellach im Drautal (Ktn).

		SP	VP	FP	GR	AN	NW	Wahlberechtigte
Nationalratswahl 1999	absolut	410	235	376	36	24	328	1409
	relativ	29%	17%	27%	3%	2%	23%	
Nationalratswahl 2002	absolut	368	385	237	51	7	351	1399
	relativ	26%	28%	17%	4%	1%	25%	

Hier hat die SPÖ nicht nur einen absoluten Stimmenverlust, sondern auch einen relativen Verlust (im Stimmenanteil) erfahren. Es kann also keinesfalls sein, dass die SPÖ bundesweit 100% ihrer Stimmen von 1999 auch 2002 behalten konnte. Dementsprechend sind auch die anderen Wechselanteile gewissen Schranken unterworfen. Besonders Wechsel von Groß- zu Kleinparteien müssen rein mathematisch mit Obergrenzen von weit unter 100% beschränkt sein. In Tabelle 11 und Tabelle 12 wurden jeweils Ober und Untergrenzen für die Wechselanteile zwischen den Nationalratswahlen 1999 und 2002 aufgrund der Wahlergebnisse in den Gemeinden bestimmt. Diese Wahrscheinlichkeiten sind nun zeilenweise als bedingte Wahrscheinlichkeiten gegeben man hat 1999 die Partei in der Spalte links gewählt, zu verstehen und nicht als unbedingte Wahrscheinlichkeiten wie Tabelle 2 und Tabelle 3.

Tabelle 11: Mögliche Untergrenzen für die Wechselanteile von der Nationalratswahl 1999 auf die Nationalratswahl 2002.

		2002					
		SPÖ	ÖVP	FPÖ	Grüne	andere	Ung+NW
1999	SPÖ	0,3%	0,0%	0,0%	0,0%	0,0%	0,0%
	ÖVP	0,0%	1,8%	0,0%	0,0%	0,0%	0,0%
	FPÖ	0,0%	0,0%	0,0%	0,0%	0,0%	0,0%
	GRÜNE	0,0%	0,0%	0,0%	0,0%	0,0%	0,0%
	andere	0,0%	0,0%	0,0%	0,0%	0,0%	0,0%
	Ung+NW	0,0%	0,0%	0,0%	0,0%	0,0%	0,8%

Lesebeispiel: Mindestens 1,8% aller ÖVP-Wähler von 1999 müssen auch 2002 die ÖVP gewählt haben.

Tabelle 12: Mögliche Obergrenzen für die Wechselanteile von der Nationalratswahl 1999 auf die Nationalratswahl 2002.

		2002					
		SPÖ	ÖVP	FPÖ	Grüne	andere	Ung+NW
1999	SPÖ	99,7%	85,7%	31,9%	28,2%	5,4%	72,8%
	ÖVP	81,2%	100,0%	37,3%	34,0%	6,7%	70,8%
	FPÖ	93,5%	97,1%	39,4%	34,1%	6,6%	85,2%
	GRÜNE	99,9%	100,0%	91,7%	98,6%	25,4%	100,0%
	andere	100,0%	100,0%	93,9%	99,5%	33,5%	100,0%
	Ung+NW	87,1%	86,3%	32,1%	28,5%	5,4%	82,8%

Lesebeispiel: Höchstens 28,2% aller SPÖ-Wähler von 1999 haben 2002 die Grünen gewählt.

Leider verengen sich die Grenzen nur marginal und nicht in dem Ausmaß, wie man sich das vielleicht wünschen würde, was mit der Homogenität vieler Gemeinden zu tun haben könnte. Dennoch kann man diese Grenzen einerseits dazu verwenden, veröffentlichte Analysen zu falsifizieren (beispielsweise auch die eingangs erwähnten Tabelle 2 und Tabelle 3) oder selbst diese neuen Restriktionen in einem eigenen Modell einbauen. In Abschnitt 4.4 wird auf die erste Möglichkeit eingegangen.

Clustering /Mischverteilungsmodelle/Random coefficients

Dass ein einheitliches Modell für das gesamte Wahlgebiet aufgrund der Annahme homogener Übergangswahrscheinlichkeiten zumeist nicht ausreichend ist, scheint aufgrund der bisherigen Darstellung evident. Während von manchen Autoren einzelne Dummy-Variablen in den Modellen eingeführt wurden, haben andere überhaupt separat für verschiedene Subwahlgebiete geschätzt. Die Literatur darüber, wie eine solche Einteilung datengestützt gefunden werden kann, ist aber recht spärlich.

Die bei Miller (1972, zitiert in Küchler, 1983) und Hofinger und Ogris (2002) verwendeten Cluster wurden durch Homogenität der Anteilsergebnisse einer Partei bei einer bestimmten Wahl definiert. Dies muss aber nicht zwingend Homogenität in den Übergängen bedeuten. Einen Versuch, der sich über einen Zeitraum von vier Nationalratswahlen in Österreich (1970-1979) erstreckt und die Ähnlichkeit der Differenzen zwischen jeweils zwei aufeinander folgenden Wahlen in den jeweiligen Anteilsergebnissen untersucht, gibt es von Neuwirth (1981). Hier wurden in Österreich sieben Bezirks-Cluster identifiziert, die zwar regionalen Mustern folgen, aber nicht immer scharf mit den Bundesländergrenzen übereinstimmen. Obendrein gibt es hier Bezirke, die keinem dieser sieben Cluster wirklich gut zugeordnet werden konnten. Der Einfachheit halber ist jedoch wahrscheinlich in Österreich die Verwendung von Bundesländern als separat zu schätzende Wahlgebiete praktischer, aber dennoch eine unbefriedigende Lösung, wie schon weiter oben gezeigt wurde und noch gezeigt wird.

Unterschiede in den Wählerübergängen zwischen West- und Ostdeutschland bei den Bundestagswahlen 2002 und 2005 konnten von Leisch und Neuwirth[4] in einem aktuellen Versuch herausgefunden werden (Abbildung 17).

---

[4] Die Analysen der beiden Autoren wurden noch nicht publiziert.

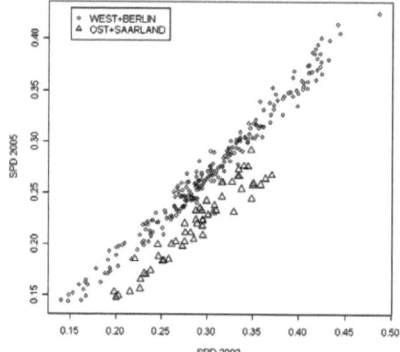

Abbildung 17: Zusammenhang zwischen den SPD-Stimmenanteilen bei den Bundestagswahlen 2002 und 2005 in Deutschland.

3. Das Modell

In diesem Kapitel soll nun das Modell, welches in Kapitel 4 im Mittelpunkt der Analysen stehen wird, formuliert werden. Außerdem werden die Schätzungen diskutiert sowie eine denkbare Robustifizierung. Schließlich soll gezeigt werden, wie die Schätzungen konkret berechnet werden. Es werden auch Schwierigkeiten, die sich bei der Schätzung ergeben, angesprochen.

3.1 Formale Beschreibung

Die Notation des Modelles folgt im wesentlichen jener von Schwärzler (2000). Es sei mit N die Anzahl der Gemeinden im zu untersuchenden Wahlgebiet, mit I die Anzahl der Parteien bei der Vorwahl und mit J die Anzahl der Parteien bei der aktuellen Wahl bezeichnet. Mit „Parteien" sind hier die jeweiligen interessierenden Wahlentscheidungen gemeint, d.h. auch die Entscheidung, nicht zur Wahl zu gehen zählt hier für die „Partei" der Nichtwähler, bzw. können und sollen kleinere Gruppen durchaus zu größeren „Parteien" zusammengefasst werden, beispielsweise die 1999 kandidierenden Gruppen „DU", „KPÖ", „NEIN" und „CWG" zur Partei der „Anderen". Für das konkrete Problem gilt selbstverständlich $I, J \geq 2$.

Die zu analysierenden Daten stehen für gewöhnlich in zwei Datenmatrizen $\mathbf{X}^*$ und $\mathbf{Y}$. Die Matrix $\mathbf{X}^*$ (Dimension $N \times I$) beinhalte die Einträge X_{ni}^* (der Anteil der Stimmen, den Partei i in Gemeinde n bei der Vorwahl bekommen hat). Analog enthält die Matrix $\mathbf{Y}$ die Einträge Y_{nj}, die für

Gemeinde n den Anteil der Stimmen für Partei j bei der aktuellen Wahl angeben ($i = 1,..,I$; $j = 1,..,J$; $n = 1,..,N$).

Seien $\mathbf{x}_{n.}^*$ und $\mathbf{y}_{n.}$ jeweils die n-ten Zeilen der Matrizen $\mathbf{X}^*$ und $\mathbf{Y}$, bzw. $\mathbf{x}_{.i}^*$ die i-te Spalte der Matrix $\mathbf{X}^*$ und $\mathbf{y}_{.j}$ die j-te Spalte der Matrix $\mathbf{Y}$. Im folgenden enthält die Matrix $\mathbf{X}^*$ als Variablen immer Stimmenanteile von Parteien bei vergangenen Wahlen. Es könnten genauso gut auch andere erklärende Variable gewählt werden (wie schon in Kapitel 2 beschrieben), nur würde es sich dann eben nicht mehr um eine Wählerstromanalyse im eigentlichen Sinn handeln.

Die Matrix der unbekannten Wählerübergangswahrscheinlichkeiten sei $\mathbf{P}$ mit der Dimension $I \times J$ und den Einträgen P_{ij}, die die Wahrscheinlichkeit angeben, dass sich ein Wähler, der sich bei der Vorwahl für Partei i entschieden hat, bei der aktuellen Wahl für Partei j entscheidet. Auch hier sei wieder $\mathbf{p}_{i.}$ die i-te Zeile und $\mathbf{p}_{.j}$ die j-te Spalte der Matrix $\mathbf{P}$.

Der gängige Ansatz der Modellierung für das Ergebnis der Stimmenanteile der Partei j ist, wie in Kapitel 2 beschrieben jener mithilfe der multiplen linearen Regression und ist daher gegeben durch die Gleichung

$$\mathbf{y}_{.j} = \mathbf{X}^* \mathbf{p}_{.j} + \mathbf{u}_{.j} \quad \forall j = 1,..,J \qquad (1)$$

$\mathbf{u}_{.j}$ bezeichnet die j-te Spalte der $N \times J$-Matrix $\mathbf{U}$, die die Fehler aus den j Regressionen enthält. Analog wird mit U_{nj} der Fehler in für Partei j in Gemeinde n bezeichnet. In weiterer Folge wird die Anzahl der Stimmen, die in jeder einzelnen Gemeinde zu vergeben sind, mit S_n, $n \in \{1,...,N\}$ bezeichnet, wobei hier wahlweise die Stimmen bei der Vorwahl oder bei der aktuellen Wahl verwendet werden können. Die Veränderung im Wählerverzeichnis zwischen zwei Wahlen wird in diesem Modell eben nicht berücksichtigt.

In dieser Form wären für jedes Wahlgebiet j unrestringierte und unkorrelierte multiple Regressionsmodelle zu schätzen und der Kleinste-Quadrate-Schätzer und der Maximum-Likelihood-Schätzer wären unter der Annahme normalverteilter Störterme bekanntermaßen jeweils ident.

Im folgenden sollen jedoch nun die ebenso bei Schwärzler (2000) beschriebenen Konsequenzen der Annahme der Wahlentscheidung als Multinomialexperiment kurz skizziert werden.

Wenn eine Person in Gemeinde n aus der Wählerschaft der Partei i bei der vergangenen Wahl die Wahrscheinlichkeiten P_{ij} hat, für Partei j bei aktuellen Wahl zu stimmen und die Stimmabgaben der Gemeindebürger voneinander unabhängig sind, was wir annehmen, dann gilt

$$E(\mathbf{y}_{n.}) = \mathbf{x}_{n.}^{*}\mathbf{P} \quad \text{und}$$

$$VC(\mathbf{y}_{n.}) = \frac{1}{S_n}\sum_{i=1}^{I} X_{ni}^{*}(diag(\mathbf{p}_{i.}) - \mathbf{p}_{i.}\mathbf{p}_{i.}^{t}) , \qquad (2)$$

sowie über den zentralen Grenzwertsatz approximativ

$$\mathbf{y}_{n.} \sim N(\mathbf{x}_{n.}^{*}\mathbf{P}, \frac{1}{S_n}\sum_{i=1}^{I} X_{ni}^{*}(diag(\mathbf{p}_{i.}) - \mathbf{p}_{i.}^{t}\mathbf{p}_{i.})) \quad \forall n = 1,..,N. \qquad (3)$$

Damit steht fest, dass die Stimmensummen für die verschiedenen Parteien innerhalb einer Gemeinde nicht unkorreliert sind und wie an früherer Stelle schon besprochen auch nicht homoskedastisch.

Um diese Anforderungen zu berücksichtigen, ist es notwendig, das Modell als multivariates multiples Regressionsmodell oder alternativ als in der Ökonometrie übliches SURE-Modell („Seemingly unrelated regression equations", vgl. ein Lehrbuch der Ökonometrie, z.B. Johnston und DiNardo, 1997) zu formulieren.

3.2 Formulierung als SURE-Modell

Die j Gleichungsblöcke aus (1) fassen sich also zu folgendem Modell zusammen:

$$y_{.1} = X^* p_{.1} + u_{.1}$$
$$y_{.2} = X^* p_{.2} + u_{.2}$$
$$\ldots$$
$$y_{.J} = X^* p_{.J} + u_{.J}$$

mit den drei entscheidenden Annahmen

- $\text{var}(U_{nj}) = \dfrac{1}{S_n} \sum_{i=1}^{I} X^*_{ni} p_{ij}(1-p_{ij})$ für alle $n \in \{1,\ldots,N\}$ und $j \in \{1,\ldots,J\}$,
- $\text{cov}(U_{n_1,j}, U_{n_2,j}) = 0$ für alle $j \in \{1,\ldots,J\}$, alle Paare $n_1, n_2 \in \{1,\ldots,N\}$ und $n_1 \neq n_2$, sowie
- $\text{cov}(U_{n,j_1}, U_{n,j_2}) = -\dfrac{1}{S_n} \sum_{i=1}^{I} X^*_{ni} p_{ij_1} p_{ij_2}$ für alle $n \in \{1,\ldots,N\}$, alle Paare $j_1, j_2 \in \{1,\ldots,J\}$ und $j_1 \neq j_2$.

Das bedeutet:
- Die Varianzen der Fehler für die Anteilsvoraussagen in den einzelnen Gemeinden sind also zwischen den Gemeinden (innerhalb der Parteien) und zwischen den Parteien (innerhalb der Gemeinden) unterschiedlich.
- Innerhalb jedes Blockes sind die Fehler unkorreliert. Das ist zwar auch nicht ganz korrekt, da auch das Phänomen der räumlichen (geographischen) Autokorrelation in der Literatur diskutiert wird (vgl. Hoschka und Schunck, 1975, S. 501) aber für deren Modellierung keine Regeln bekannt sind.

- Die Fehler von Anteilsschätzungen zweier Parteien in derselben Gemeinde sind korreliert. Wird also beispielsweise die SPÖ überschätzt, dann wird die ÖVP vermutlich unterschätzt.

In Matrixschreibweise lautet das Modell dann:

$$y = Xp + u,$$

wobei $y = \text{vec}(Y)$, $p = \text{vec}(P)$ und $u = \text{vec}(U)$ die Transformationen sind, die die Spalten von Y und P als Vektor untereinander schreiben. Sei $X = I_N \otimes X^*$ und I_N die $N \times N$-Einheitsmatrix, also

$$y = \begin{pmatrix} y_{.1} \\ y_{.2} \\ . \\ y_{.J} \end{pmatrix}, \quad p = \begin{pmatrix} p_{.1} \\ p_{.2} \\ . \\ p_{.J} \end{pmatrix} \quad u = \begin{pmatrix} u_{.1} \\ u_{.2} \\ . \\ u_{.J} \end{pmatrix} \quad \text{und } X = \begin{pmatrix} X^* & 0 & 0 & 0 \\ 0 & X^* & 0 & 0 \\ 0 & 0 & . & 0 \\ 0 & 0 & 0 & X^* \end{pmatrix} \quad (4)$$

y ist dann ein $NJ \times 1$-Vektor, X eine $NJ \times IJ$-Matrix und p ein $IJ \times 1$-Vektor. Die Varianz-Kovarianz-Matrix der Fehler (Ω) sieht dann folgendermaßen aus:

$$\Omega = \begin{pmatrix} \sigma_{111} & 0 & 0 & 0 & \sigma_{121} & 0 & 0 & 0 & \ldots & \sigma_{1J1} & 0 & 0 & 0 \\ 0 & \sigma_{112} & 0 & 0 & 0 & \sigma_{122} & 0 & 0 & \ldots & 0 & \sigma_{1J2} & 0 & 0 \\ 0 & 0 & . & 0 & 0 & 0 & . & 0 & \ldots & 0 & 0 & . & 0 \\ 0 & 0 & 0 & \sigma_{11N} & 0 & 0 & 0 & \sigma_{12N} & \ldots & 0 & 0 & 0 & \sigma_{1JN} \\ \sigma_{211} & 0 & 0 & 0 & . & . & . & . & . & . & . & . & . \\ 0 & \sigma_{212} & 0 & 0 & . & . & . & . & . & . & . & . & . \\ 0 & 0 & . & 0 & . & . & . & . & . & . & . & . & . \\ 0 & 0 & 0 & \sigma_{21N} & . & . & . & . & . & . & . & . & . \\ . & . & . & . & . & . & . & . & . & . & . & . & . \\ . & . & . & . & . & . & . & . & . & . & . & . & . \\ . & . & . & . & . & . & . & . & . & . & . & . & . \\ \sigma_{J11} & 0 & 0 & 0 & . & . & . & . & \ldots & \sigma_{JJ1} & 0 & 0 & 0 \\ 0 & \sigma_{J12} & 0 & 0 & . & . & . & . & \ldots & 0 & \sigma_{JJ2} & 0 & 0 \\ 0 & 0 & . & 0 & . & . & . & . & \ldots & 0 & 0 & . & 0 \\ 0 & 0 & 0 & \sigma_{J1N} & . & . & . & . & \ldots & 0 & 0 & 0 & \sigma_{JJN} \end{pmatrix} \quad (5)$$

und die Einträge sind gegeben durch

$$\sigma_{kjn} = \sum_{i=1}^{I} X_{ni}^{*}(P_{ij} - P_{ij}^{2}) \text{ falls } j = k \text{ und}$$

$$\sigma_{kjn} = -\sum_{i=1}^{I} X_{ni}^{*} P_{ij} P_{ik} \text{ falls } j \neq k. \quad (6)$$

In kompakterer Weise kann Ω geschrieben werden als

$$\Omega = \sum_{n=1}^{N} \Sigma_{n} \otimes e_{n} e_{n}^{t}, \quad (7)$$

wobei e_n der $N \times 1$-Vektor der aus lauter Nullen besteht und nur an n-ter Stelle eine 1 hat, und die Einträge der symmetrischen $J \times J$-Matrizen Σ_n in Zeile k und Spalte j durch die σ_{kjn} von (6) definiert sind.

An dieser Stelle ist zu beachten, dass die Matrizen Σ_n, $n \in \{1,...,N\}$ alle singulär sind mit Rangdefizit von mindestens 1 (siehe dazu auch Abschnitt 3.5.1).

3.3 Schätzung des Modelles

Wie aus der Theorie der linearen Regression bekannt ergibt sich der Kleinste-Quadrate-Schätzer für dieses Modell als Lösung der Minimierungsaufgabe

$$F(\mathbf{p}) = (\mathbf{y} - \mathbf{Xp})^t \Omega(\mathbf{p})^{-1}(\mathbf{y} - \mathbf{Xp}) \to Min_\mathbf{p} \qquad (8)$$

Leitet man alternativ auf Basis von (3) den Maximum-Likelihood-Schätzer her, erhält man einen weiterer Term in der Optimierungsfunktion, der aber lt. Hawkes (1969) in der Umgebung der wahren Lösung vernachlässigt werden kann. Der ML-Schätzer ist hier also asymptotisch äquivalent zum Kleinste-Quadrate-Schätzer.

Viel wichtiger scheint die in Abschnitt 3.2 festgestellte Singularität der Matrix Ω. Entweder wird nun anstelle der herkömmlichen Inversen die Moore-Penrose verwendet, oder das Problem wird explizit in einen niedrig dimensionaleren Unterraum verschoben, wie bei Lückl (1995, zitiert in Schwärzler, 2000) beschrieben. Man erhält dann anstelle von (8)

$$F(\mathbf{p}) = (\mathbf{y} - \mathbf{Xp})^t \mathbf{A}^t (\mathbf{A}\Omega(\mathbf{p})\mathbf{A}^t)^{-1} \mathbf{A}(\mathbf{y} - \mathbf{Xp}) \to Min_\mathbf{p}, \qquad (9)$$

wobei $\mathbf{A} = \sum_{n=1}^{N} \mathbf{A}_n \otimes \mathbf{e}_n \mathbf{e}_n^t$ und die Matrizen $\mathbf{A}_n$ zeilenweise aus den orthonormalen Eigenvektoren von Σ_n zu den Eigenwerten ungleich 0 gebildet werden. Die $\mathbf{A}_n$ haben daher jeweils weniger Zeilen als Spalten und $\mathbf{A}$ hat dann JN Spalten und im Falle von Rangdefizit 1 $(J-1)N$ Zeilen.

Zu beachten ist hier weiters, dass durch die Abhängigkeit der Varianz-Kovarianz-Matrix Ω von $\mathbf{p}$ die Lösung von (9) nicht mehr explizit ausgerechnet werden kann. Die Verwendung von Ungleichheitsnebenbedingungen, die schon mehrmals im Laufe dieser

Arbeit angedeutet wurden, ist ein weiteres Abrücken von der Verwendbarkeit der klassischen Theorie. Die drei Sätze von Nebenbedingungen, die im vorliegenden Optimierungsproblem verwendet werden, um die Plausibilität der Schätzungen zu gewährleisten, sind die folgenden:

1. $\sum_{j=1}^{J} P_{ij} = 1 \ \forall i \in \{1,...,I\}$ (10)

→ muss gelten, da jeder Wahlberechtigte genau eine Stimme vergibt.

2. $P_{ij} \geq 0 \ \forall i \in \{1,...,I\}$ und $j \in \{1,...,J\}$ (11)

→ Übergangswahrscheinlichkeiten können nicht negativ sein.

3. $\sum_{n=1}^{N} \frac{1}{S_n} Y_{nj} = \sum_{n=1}^{N} \frac{1}{S_n} \sum_{i=1}^{I} X_{ni}^* P_{ij} \ \forall j \in \{1,...,J\}$

→ Die Übergangsanteile werden so geschätzt, dass sich das neue Wahlergebnis tatsächlich direkt aus dem alten errechnet.

Anstelle der Ungleichungen, die sich aus (10) und (11) ergeben ($0 \leq P_{ij} \leq 1$) könnten nun auch alternativ die Grenzen wie bei King (1997) verwendet werden. Wie sich schon gezeigt hat, schränken sich die ursprünglichen Grenzen aber nicht nennenswert ein.

An dieser Stelle sei nun auch festgestellt, dass in diesen Ausführungen abwechselnd von Wahrscheinlichkeiten bzw. von Anteilen die Rede ist. Das geschieht deshalb, weil das Modell selbst als Wahrscheinlichkeitsmodell formuliert ist, jedoch die letztendliche Interpretation in der Öffentlichkeit immer die von „Wechselanteilen" ist. Ansonsten wäre die dritte Nebenbedingung gar nicht notwendig.

Auf den ersten Blick würde sich als Schätzheuristik zur Optimierung von (9) samt Nebenbedingungen folgendes Verfahren anbieten (siehe auch Schwärzler, 2000):

1. Schätze mittels quadratischem Optimierer $\hat{\mathbf{P}}^{(1)}$, indem $\Omega = \Omega_0$ als fix und ohne Kovarianzen angenommen wird und die Varianzen proportional dem Reziprokwert der Gemeindegrößen sind (vgl. beispielsweise Neuwirth, 1994).
2. Setze im nächsten Schritt $\Omega_1 = \Omega(\hat{P}^{(1)})$.
3. Schätze $\hat{P}^{(2)}$ wieder mittels quadratischem Optimierer, indem Ω_1 als fix angenommen wird.
4. Setze im nächsten Schritt $\Omega_2 = \Omega(\hat{P}^{(2)})$
5. Wiederhole diese Schritte, solange bis $\hat{\mathbf{P}}^{(s)} - \hat{\mathbf{P}}^{(s-1)}$ klein genug ist.

Diese Vorgehensweise ist aber nur dann passend, falls ein allgemeiner konvexer Optimierer und nicht ein quadratischer Optimierer verwendet wird. In Schritt m des genannten Verfahrens wird nämlich folgende Funktion nach **p** minimiert:

$$\mathbf{y}^t \mathbf{A}^t (\mathbf{A}\Omega_{m-1}\mathbf{A}^t)^{-1} \mathbf{A}\mathbf{y} + \mathbf{p}^t \mathbf{X}^t \mathbf{A}^t (\mathbf{A}\Omega_{m-1}\mathbf{A}^t)^{-1} \mathbf{A}\mathbf{X}\mathbf{p} - 2\mathbf{y}^t \mathbf{A}^t (\mathbf{A}\Omega_{m-1}\mathbf{A}^t)^{-1} \mathbf{A}\mathbf{X}\mathbf{p}.$$

Diese Funktion kann, nachdem der erste Term von **p** unabhängig ist für fixes Ω_{m-1} mit einem quadratischen Minimierer bezüglich **p** minimiert werden, jedoch ist $\mathbf{y}^t\mathbf{A}^t(\mathbf{A}\Omega_{m-1}\mathbf{A}^t)^{-1}\mathbf{A}\mathbf{y}$ für verschiedene m unterschiedlich und es ist nicht gewährleistet, dass wenn

$$\mathbf{p}^t\mathbf{X}^t\mathbf{A}^t(\mathbf{A}\Omega(\mathbf{p})\mathbf{A}^t)^{-1}\mathbf{A}\mathbf{X}\mathbf{p} - 2\mathbf{y}^t\mathbf{A}^t(\mathbf{A}\Omega(\mathbf{p})\mathbf{A}^t)^{-1}\mathbf{A}\mathbf{X}\mathbf{p}$$

bezüglich **p** minimal ist, der Term $\mathbf{y}^t\mathbf{A}^t(\mathbf{A}\Omega(\mathbf{p})\mathbf{A}^t)^{-1}\mathbf{A}\mathbf{y}$ nicht auch noch kleinere Werte für andere **p** liefern kann.

Daher muss die ganze Funktion gleichzeitig optimiert werden und es ist von beträchtlichem Interesse ob diese konvex ist und das Problem damit mit einfachen „steepest descent"-Algorithmen gelöst werden kann. Im folgenden Abschnitt wird der Beweis der Konvexität der zu optimierenden Funktion (9) über den gesamten Parameterraum von **p** erbracht.

3.4 Beweis der Konvexität der Optimierungsfunktion

Der Abschnitt ist so aufgebaut, dass einfache Hilfsresultate, Definitionen und der Satz 5 die Konvexität, die in Satz 6 bewiesen wird, vorbereiten, um das Problem etwas übersichtlicher zu gestalten.

Lemma 1: Sei **A** eine beliebige reellwertige Matrix. Wenn **A** positiv definit ist, dann auch A^{-1}.
Beweis: ohne Beweis.

Definition 1: Zwei symmetrische Matrizen **A** und **B** heißen kongruent, wenn es eine reguläre Matrix **X** gibt mit $A = X^t B X$.

Definition 2: Unter der Signatur einer Matrix **A** versteht man jenes Zahlentripel, welches an erster Stelle die Anzahl der positiven Eigenwerte von **A**, an zweiter Stelle die Anzahl der negativen Eigenwerte von **A** und an dritter Stelle die Anzahl der Eigenwerte gleich 0 von **A** angibt.

Satz 2 (Trägheitssatz von Sylvester)**:** Seien **A** und **B** zwei kongruente symmetrische Matrizen, so haben **A** und **B** dieselbe Signatur.
Beweis: ohne Beweis.

Lemma 3 (Harville, 1999, S.251): Sei $\mathbf{A}$ eine symmetrische $n \times n$-Matrix mit Rang r und sei $\mathbf{A}^*$ eine nichtsinguläre $r \times r$-Hauptuntermatrix von $\mathbf{A}$, dann gilt: $\mathbf{A}$ ist nichtnegativ definit $\Leftrightarrow \mathbf{A}^*$ ist positiv definit.
Beweis: siehe Quelle.

Lemma 4 (vgl. Calabi, 1964): Seien $\mathbf{A}$ und $\mathbf{B}$ zwei beliebige symmetrische positiv definite $n \times n$-Matrizen, mit reellwertigen Einträgen und $n \geq 3$, dann existiert eine nicht-orthogonale Matrix $\mathbf{W}$, sodass die Matrizen $\mathbf{W}^t \mathbf{AW}$ und $\mathbf{W}^t \mathbf{BW}$ Diagonalmatrizen sind. $\mathbf{W}$ diagonalisiert also sowohl $\mathbf{A}$ als auch $\mathbf{B}$.
Beweis: siehe Quelle.

Satz 5: Seien $\mathbf{x}, \mathbf{y} \in \Re^n$ zwei beliebige Vektoren. Seien $\mathbf{A}$ und $\mathbf{B}$ zwei beliebige symmetrische positiv definite $n \times n$-Matrizen mit reellen Einträgen und $n \geq 3$. Dann gilt:

a) $\mathbf{x}^t \mathbf{Ax} + \mathbf{y}^t \mathbf{By} - (\mathbf{x}+\mathbf{y})^t (\mathbf{A}^{-1} + \mathbf{B}^{-1})^{-1} (\mathbf{x}+\mathbf{y}) \geq 0$

b) $\mathbf{A} - \mathbf{B}$ positiv definit $\Leftrightarrow \mathbf{B}^{-1} - \mathbf{A}^{-1}$ positiv definit

Beweis:

a) Man beachte, dass für $n = 1$ einfach gilt:

$$Ax^2 + By^2 - \frac{1}{\frac{1}{A}+\frac{1}{B}}(x+y)^2 \geq 0 \Leftrightarrow A\left(\frac{1}{A}+\frac{1}{B}\right)x^2 + B\left(\frac{1}{A}+\frac{1}{B}\right)y^2 - (x+y)^2 \geq 0 \Leftrightarrow$$

$$\Leftrightarrow x^2 + \frac{A}{B}x^2 + y^2 + \frac{B}{A}y^2 - (x+y)^2 \geq 0 \Leftrightarrow \frac{A}{B}x^2 + \frac{B}{A}y^2 - 2xy \geq 0 \Leftrightarrow$$

$$\Leftrightarrow \left(\sqrt{\frac{A}{B}}x - \sqrt{\frac{B}{A}}y\right)^2 \geq 0.$$

Auch für Diagonalmatrizen $\mathbf{A}$ und $\mathbf{B}$ ergibt sich eine analoge Vorgehensweise, welche im weiteren dargestellt wird. Wichig ist es zu sehen, dass es genügt a) für Diagonalmatrizen zu beweisen, weil die Matrizen **A** und **B** (lt. Lemma 4) gemeinsam diagonalisiert werden können. Setzt man nämlich **W** (wie in Lemma 4) als die Matrix, die **A** und **B** gemeinsam diagonalisiert, sowie $\mathbf{x} = \mathbf{W}\mathbf{u}$ und $\mathbf{y} = \mathbf{W}\mathbf{v}$, ergibt sich weiters $\mathbf{x} + \mathbf{y} = \mathbf{W}(\mathbf{u}+\mathbf{v})$ und die zu beweisende Ungleichung kann stückweise umgeschrieben werden:

$$\mathbf{x}^t \mathbf{A}\mathbf{x} + \mathbf{y}^t \mathbf{B}\mathbf{y} = \mathbf{u}^t \mathbf{W}^t \mathbf{A}\mathbf{W}\mathbf{u} + \mathbf{v}^t \mathbf{W}^t \mathbf{B}\mathbf{W}\mathbf{v} = \mathbf{u}^t \mathbf{u} + \mathbf{v}^t \Lambda \mathbf{v} \text{ bzw.}$$

$$(\mathbf{x}+\mathbf{y})^t (\mathbf{A}^{-1} + \mathbf{B}^{-1})^{-1} (\mathbf{x}+\mathbf{y}) = (\mathbf{u}+\mathbf{v})^t \mathbf{W}^t (\mathbf{A}^{-1} + \mathbf{B}^{-1})^{-1} \mathbf{W}(\mathbf{u}+\mathbf{v}) =$$

$$= (\mathbf{u}+\mathbf{v})^t (\mathbf{W}^{-1^t})^{-1} (\mathbf{A}^{-1} + \mathbf{B}^{-1})^{-1} (\mathbf{W}^{-1})^{-1} (\mathbf{u}+\mathbf{v}) =$$

$$= (\mathbf{u}+\mathbf{v})^t (\mathbf{W}^{-1}(\mathbf{A}^{-1} + \mathbf{B}^{-1})\mathbf{W}^{-1^t})^{-1} (\mathbf{u}+\mathbf{v}) = (\mathbf{u}+\mathbf{v})^t (\mathbf{I} + \Lambda^{-1})^{-1} (\mathbf{u}+\mathbf{v}).$$

Nun sind die Matrizen also diagonalisiert und es bleibt zu zeigen, dass

$$(\mathbf{u}+\mathbf{v})^t (\mathbf{I} + \Lambda^{-1})^{-1} (\mathbf{u}+\mathbf{v}) \leq \mathbf{u}^t \mathbf{u} + \mathbf{v}^t \Lambda \mathbf{v}. \qquad (12)$$

In Summenschreibweise kann (12) geschrieben werden als

$$\sum_{j=1}^n \frac{\lambda_j}{1+\lambda_j} (u_j + v_j)^2 \leq \sum_{j=1}^n (u_j^2 + \lambda_j v_j^2).$$

Die Ungleichung ist erfüllt, wenn sie für alle j erfüllt ist. Daher reicht es zu zeigen, dass für alle $a, b \in \Re$ sowie für $\lambda > 0$ gilt:

$$\frac{\lambda}{1+\lambda}(a+b)^2 \leq (a^2 + \lambda b^2).$$

Dies lässt sich umschreiben als

$$(a+b)^2 \leq (a^2 + \lambda b^2)\frac{1+\lambda}{\lambda} \Leftrightarrow (a+b)^2 \leq (1+\frac{1}{\lambda})a^2 + (1+\lambda)b^2 = f(\lambda).$$

Als 1. Ableitung ergibt sich hier $\frac{d(f(\lambda))}{d\lambda} = b^2 - \frac{a^2}{\lambda^2}$ und als einzige Lösung

für $\frac{d(f(\lambda))}{d\lambda} = 0$ ergibt sich $\lambda = \frac{|a|}{|b|}$. Dies ist der Minimierer der Funktion.

Als Minimum ergibt sich:

$$f(\frac{|a|}{|b|}) = (1 + \frac{|b|}{|a|})a^2 + (1 + \frac{|a|}{|b|})b^2 = \frac{|a|+|b|}{|a|}a^2 + \frac{|a|+|b|}{|b|}b^2 = (|a|+|b|)|a| + (|a|+|b|)|b| =$$
$$= (|a|+|b|)^2.$$

Dieser Ausdruck ist aber sicher immer größer gleich $(a+b)^2$ und damit ist der Beweis erbracht.

Nun der Beweis von Teil b):

Seien die Matrizen W und Λ wie bei a):

$A - B$ positiv definit $\Leftrightarrow x^t(A-B)x > 0 \forall x \neq 0 \Leftrightarrow x^t Ax - x^t Bx > 0 \forall x \neq 0 \Leftrightarrow$

$\Leftrightarrow u^t(I - \Lambda)u > 0 \forall u \neq 0 \Leftrightarrow I - \Lambda$ positiv definit $\Leftrightarrow \lambda_1, ..., \lambda_n < 1 \Leftrightarrow$

$\Leftrightarrow \Lambda^{-1} - I$ positiv definit $\Leftrightarrow u^t(\Lambda^{-1} - I)u > 0 \forall u \neq 0 \Leftrightarrow$

$\Leftrightarrow u^t(\Lambda^{-1} - I)^{-1}u > 0 \forall u \neq 0 \Leftrightarrow x^t(B^{-1} - A^{-1})^{-1}x > 0 \forall x \neq 0 \Leftrightarrow$

$\Leftrightarrow x^t(B^{-1} - A^{-1})x > 0 \forall x \neq 0 \Leftrightarrow B^{-1} - A^{-1}$ positiv definit. $\square$

Satz 6 (Konvexität der Optimierungsfunktion): Sei X^* eine beliebige $N \times I$-Matrix mit Rang I und ausschließlich nichtnegativen Einträgen, Y eine beliebige $N \times J$-Matrix mit Rang J und ausschließlich nichtnegativen Einträgen und P eine beliebige $I \times J$-Matrix mit ausschließlich nichtnegativen Einträgen, deren Zeilensumme 1 ist. Sei $I, J, N \geq 2$.

Seien weiters $\mathbf{y} = \text{vec}(\mathbf{Y})$ und $\mathbf{p} = \text{vec}(\mathbf{P})$ die Transformationen, die die Spalten von $\mathbf{Y}$ und $\mathbf{P}$ als Vektor untereinander schreiben und sei $\mathbf{X} = \mathbf{I}_N \otimes \mathbf{X}^*$ und $\mathbf{I}_N$ die $N \times N$-Einheitsmatrix (siehe (4))

Seien die singulären $J \times J$-Matrizen Σ_n ($n = 1,...,N$) und die $(JN) \times (JN)$-Matrix Ω definiert wie bei (5), (6) und (7). Als Rangdefizit für die singulären Matrizen Σ_n $n = 1,...,N$ sei jeweils maximal 1 gefordert.

Seien $\mathbf{A}_n$ Matrizen, deren Zeilen durch die orthonormalen Eigenvektoren von Σ_n zu den Eigenwerten ungleich 0 gebildet werden. Die $\mathbf{A}_n$ ($n = 1,...N$) haben daher jeweils $J-1$ Zeilen und J Spalten. Analog bilde man $\mathbf{A} = \sum_{n=1}^{N} \mathbf{A}_n \otimes \mathbf{e}_n \mathbf{e}_n^t$. $\mathbf{A}$ hat dann JN Spalten und $(J-1)N$ Zeilen.

Sei nun $F(\mathbf{p}) = (\mathbf{y} - \mathbf{X}\mathbf{p})^t \mathbf{A}^t (\mathbf{A}\Omega(\mathbf{p})\mathbf{A}^t)^{-1} \mathbf{A}(\mathbf{y} - \mathbf{X}\mathbf{p})$.

Dann gilt: $F(\mathbf{p})$ ist strikt konvex bezüglich $\mathbf{p}$.

Beweis:

Seien $\mathbf{p}^{(1)} \neq \mathbf{p}^{(2)}$ zwei beliebige Punkte des Parameterraumes. Sei $\mathbf{p}^{(m)} = \frac{1}{2}(\mathbf{p}^{(1)} + \mathbf{p}^{(2)})$.

Im ersten Teil soll gezeigt werden, dass

$$\mathbf{T} = 2\Omega(\mathbf{p}^{(m)}) - \Omega(\mathbf{p}^{(1)}) - \Omega(\mathbf{p}^{(2)}) \tag{13}$$

nichtnegativ definit ist. Behält man die Nummerierung wie bei Ω bei, so lässt sich $\mathbf{T}$ schreiben als

$$\mathbf{T} = \begin{pmatrix} T_{111} & 0 & 0 & 0 & T_{121} & 0 & 0 & 0 & \cdots & T_{1J1} & 0 & 0 & 0 \\ 0 & T_{112} & 0 & 0 & 0 & T_{122} & 0 & 0 & \cdots & 0 & T_{1J2} & 0 & 0 \\ 0 & 0 & . & 0 & 0 & 0 & . & 0 & \cdots & 0 & 0 & . & 0 \\ 0 & 0 & 0 & T_{11N} & 0 & 0 & 0 & T_{12N} & \cdots & 0 & 0 & 0 & T_{1JN} \\ T_{211} & 0 & 0 & 0 & . & . & . & . & . & . & . & . & . \\ 0 & T_{212} & 0 & 0 & . & . & . & . & . & . & . & . & . \\ 0 & 0 & . & 0 & . & . & . & . & . & . & . & . & . \\ 0 & 0 & 0 & T_{21N} & . & . & . & . & . & . & . & . & . \\ . & . & . & . & . & . & . & . & . & . & . & . & . \\ . & . & . & . & . & . & . & . & . & . & . & . & . \\ . & . & . & . & . & . & . & . & . & . & . & . & . \\ T_{J11} & 0 & 0 & 0 & . & . & . & . & \cdots & T_{JJ1} & 0 & 0 & 0 \\ 0 & T_{J12} & 0 & 0 & . & . & . & . & \cdots & 0 & T_{JJ2} & 0 & 0 \\ 0 & 0 & . & 0 & . & . & . & . & \cdots & 0 & 0 & . & 0 \\ 0 & 0 & 0 & T_{J1N} & . & . & . & . & \cdots & 0 & 0 & 0 & T_{JJN} \end{pmatrix},$$

wobei zwei Fälle unterschieden werden. Für $j = k$ ergibt sich

$$T_{kjn} = T_{jjn} = \sum_{i=1}^{I} X_{ni}^{*}(2P_{ij}^{(m)} - 2P_{ij}^{(m)2} - P_{ij}^{(1)} + P_{ij}^{(1)2} - P_{ij}^{(2)} + P_{ij}^{(2)2}) =$$

$$= \sum_{i=1}^{I} X_{ni}^{*}(-2P_{ij}^{(m)2} + P_{ij}^{(1)2} + P_{ij}^{(2)2}) = \sum_{i=1}^{I} X_{ni}^{*}\left(-2\left(\frac{P_{ij}^{(m)} + P_{ij}^{(m)}}{2}\right)^2 + P_{ij}^{(1)2} + P_{ij}^{(2)2}\right) =$$

$$= \sum_{i=1}^{I} X_{ni}^{*}(-\frac{1}{2}(P_{ij}^{(1)} + P_{ij}^{(2)})^2 + P_{ij}^{(1)2} + P_{ij}^{(2)2}) =$$

$$= \sum_{i=1}^{I} X_{ni}^{*}(-P_{ij}^{(1)} P_{ij}^{(2)} + \frac{1}{2}P_{ij}^{(1)2} + \frac{1}{2}P_{ij}^{(2)2}) =$$

$$= \frac{1}{2}\sum_{i=1}^{I} X_{ni}^{*}(P_{ij}^{(1)} - P_{ij}^{(2)})^2 \text{ und für } j \neq k \text{ ergibt sich}$$

$$T_{kjn} = -\sum_{i=1}^{I} X_{ni}^{*}(2P_{ij}^{(m)} P_{ik}^{(m)} - P_{ij}^{(1)} P_{ik}^{(1)} - P_{ij}^{(2)} P_{ik}^{(2)}) =$$

$$= -\sum_{i=1}^{I} X_{ni}^{*}(2\frac{P_{ij}^{(1)} + P_{ij}^{(2)}}{2} \frac{P_{ik}^{(1)} + P_{ik}^{(2)}}{2} - P_{ij}^{(1)} P_{ik}^{(1)} - P_{ij}^{(2)} P_{ik}^{(2)}) =$$

$$= -\sum_{i=1}^{I} X_{ni}^{*} (\frac{1}{2} P_{ij}^{(1)} P_{ik}^{(1)} + \frac{1}{2} P_{ij}^{(2)} P_{ik}^{(1)} + \frac{1}{2} P_{ij}^{(1)} P_{ik}^{(2)} + \frac{1}{2} P_{ij}^{(2)} P_{ik}^{(2)} - P_{ij}^{(1)} P_{ik}^{(1)} - P_{ij}^{(2)} P_{ik}^{(2)}) =$$

$$= -\frac{1}{2} \sum_{i=1}^{I} X_{ni}^{*} (P_{ij}^{(2)} P_{ik}^{(1)} + P_{ij}^{(1)} P_{ik}^{(2)} - P_{ij}^{(1)} P_{ik}^{(1)} - P_{ij}^{(2)} P_{ik}^{(2)}) \text{ falls } j \neq k.$$

Zusammengefasst ergibt sich also:

$$T_{kjn} = \frac{1}{2} \sum_{i=1}^{I} X_{ni}^{*} (P_{ij}^{(1)} - P_{ij}^{(2)})^2 \text{ falls } j = k \text{ und}$$

$$T_{kjn} = -\frac{1}{2} \sum_{i=1}^{I} X_{ni}^{*} (P_{ij}^{(2)} P_{ik}^{(1)} + P_{ij}^{(1)} P_{ik}^{(2)} - P_{ij}^{(1)} P_{ik}^{(1)} - P_{ij}^{(2)} P_{ik}^{(2)}) \text{ falls } j \neq k.$$

Seien die Matrizen $\mathbf{T}_n$ definiert durch die Einträge $T_{n,kj}$ für das korrespondierende Element in Zeile k und Spalte j, dann lässt sich $\mathbf{T}$ schreiben als

$$\mathbf{T} = \sum_{n=1}^{N} \mathbf{T}_n \otimes \mathbf{e}_n \mathbf{e}_n^{t},$$

wobei $\mathbf{e}_n \mathbf{e}_n^{t}$ die $n \times n$-Matrix ist, die nur an der n-ten Stelle der Hauptdiagonale eine 1 und sonst lauter Nullen hat. Wenn alle Matrizen $\mathbf{T}_n$ nichtnegativ definit sind, dann ist offensichtlich auch $\mathbf{T}$ nichtnegativ definit. Es bleibt daher zu zeigen, dass die $\mathbf{T}_n$ für alle n nichtnegativ definit sind. $\mathbf{T}_n$ ist also definiert durch die Einträge

$$T_{n,kj} = \frac{1}{2} \sum_{i=1}^{I} X_{ni}^{*} (P_{ij}^{(1)} - P_{ij}^{(2)})^2 \text{ falls } j = k \text{ und}$$

$$T_{n,kj} = -\frac{1}{2} \sum_{i=1}^{I} X_{ni}^{*} (P_{ij}^{(2)} P_{ik}^{(1)} + P_{ij}^{(1)} P_{ik}^{(2)} - P_{ij}^{(1)} P_{ik}^{(1)} - P_{ij}^{(2)} P_{ik}^{(2)}) \text{ falls } j \neq k.$$

Nun kann aber auch jede Matrix $\mathbf{T}_n$ wieder als Summe geschrieben werden, nämlich $\mathbf{T}_n = \sum_{i=1}^{I} \mathbf{T}_{ni}$, wobei die Einträge der Matrizen $\mathbf{T}_{ni}$ gegeben sind durch

$$T_{ni,kj} = \frac{1}{2} X_{ni}^* (P_{ij}^{(1)} - P_{ij}^{(2)})^2 \text{ falls } j = k$$

$$T_{ni,kj} = -\frac{1}{2} X_{ni}^* (P_{ij}^{(2)} P_{ik}^{(1)} + P_{ij}^{(1)} P_{ik}^{(2)} - P_{ij}^{(1)} P_{ik}^{(1)} - P_{ij}^{(2)} P_{ik}^{(2)}) \text{ falls } j \neq k.$$

Offensichtlich reicht es nun aus zu zeigen, dass jede Matrix $\mathbf{T}_{ni}$ nichtnegativ definit ist. Die gemeinsamen multiplikativen Konstanten X_{ni}^* aller Elemente müssen dafür nicht beachtet werden. Es geht also darum, dass man die nichtnegative Definitheit jener Matrix zeigen muss, die durch folgende Einträge definiert ist:

$(a_j - b_j)^2 \qquad \text{falls } j = k \text{ und}$

$-(a_k b_j + a_j b_k - a_j a_k - b_j b_k) \qquad \text{falls } j \neq k,$

wobei a_j und b_j die Einträge zweier Vektoren $\mathbf{a}, \mathbf{b} \in \mathfrak{R}^n$ sind. Dass diese Eigenschaft von zwei solchen Vektoren mit beliebigen Einträgen erfüllt ist, zeigt der letzte Schritt, in dem die eben definierte Matrix als Matrixprodukt dargestellt wird: $(\mathbf{a}\,|\,\mathbf{b})(\mathbf{a}\,|\,\mathbf{b})^t - (\mathbf{a}\,|\,\mathbf{b})(\mathbf{b}\,|\,\mathbf{a})^t = (\mathbf{a}\,|\,\mathbf{b})(\mathbf{a}-\mathbf{b}\,|\,\mathbf{b}-\mathbf{a})^t.$

(14)

Man beachte nun, dass (14) eine $n \times n$-Matrix ist, die als ein Produkt einer $n \times 2$-Matrix mit einer $2 \times n$-Matrix dargestellt werden kann und dass die $2 \times n$-Matrix Rang 1 hat. Demzufolge muss auch die resultierende $n \times n$-Matrix Rang 1 haben. Nach Lemma 3 ist die nichtnegative Definitheit dieser Matrix nun bewiesen, da eine 1×1-Hauptuntermatrix gefunden werden kann, die nichtsingulär positiv definit ist, und zwar deswegen, weil lt. Voraussetzung für alle i jeweils mindestens ein j existieren muss mit $P_{ij}^{(1)} \neq P_{ij}^{(2)}$ und daher $a_j \neq b_j$ für mindestens ein j gelten muss. Damit ist Teil 1 des Satzes bewiesen.

Nachdem nun (13) nichtnegativ definit ist, muss

$$\mathbf{A}(2\mathbf{\Omega}(\mathbf{p}^{(m)}) - \mathbf{\Omega}(\mathbf{p}^{(1)}) - \mathbf{\Omega}(\mathbf{p}^{(2)}))\mathbf{A}^t = 2\mathbf{A}\mathbf{\Omega}(\mathbf{p}^{(m)})\mathbf{A}^t - \mathbf{A}\mathbf{\Omega}(\mathbf{p}^{(1)})\mathbf{A}^t - \mathbf{A}\mathbf{\Omega}(\mathbf{p}^{(2)})\mathbf{A}^t$$

positiv definit sein, weil hier wieder in den niedrigeren Teilraum projiziert wird. Laut Satz 5b) gilt dann aber auch:

$$(\mathbf{A}\mathbf{\Omega}(\mathbf{p}^{(1)})\mathbf{A}^t + \mathbf{A}\mathbf{\Omega}(\mathbf{p}^{(2)})\mathbf{A}^t)^{-1} - (2\mathbf{A}\mathbf{\Omega}(\mathbf{p}^{(m)})\mathbf{A}^t)^{-1} \qquad (15)$$

ist positiv definit.

Nun betrachten wir die interessierende Funktion:

$$F(\mathbf{p}) = (\mathbf{y} - \mathbf{X}\mathbf{p})^t \mathbf{A}^t (\mathbf{A}\mathbf{\Omega}(\mathbf{p})\mathbf{A}^t)^{-1} \mathbf{A}(\mathbf{y} - \mathbf{X}\mathbf{p}).$$

F kann geschrieben werden als $F(\mathbf{p}) = \mathbf{z}^t \mathbf{S} \mathbf{z}$ mit $\mathbf{z} = (\mathbf{y} - \mathbf{X}\mathbf{p})^t \mathbf{A}^t$ und $\mathbf{S} = (\mathbf{A}\mathbf{\Omega}(\mathbf{p})\mathbf{A}^t)^{-1}$.

Seien $\mathbf{z}^{(i)} = (\mathbf{y} - \mathbf{X}\mathbf{p}^{(i)})^t \mathbf{A}^t$ und $\mathbf{S}^{(i)} = (\mathbf{A}\mathbf{\Omega}(\mathbf{p}^{(i)})\mathbf{A}^t)^{-1}$ $i = 1,2$ bzw. $\mathbf{z}^{(m)} = (\mathbf{y} - \mathbf{X}\mathbf{p}^{(m)})^t \mathbf{A}^t$ und $\mathbf{S}^{(m)} = (\mathbf{A}\mathbf{\Omega}(\mathbf{p}^{(m)})\mathbf{A}^t)^{-1}$ die entsprechenden Größen.

F ist nun strikt konvex, falls $F(\mathbf{p}^{(1)}) + F(\mathbf{p}^{(2)}) - 2F(\mathbf{p}^{(m)}) > 0$, also falls

$$\mathbf{z}^{(1)t}\mathbf{S}^{(1)}\mathbf{z}^{(1)} + \mathbf{z}^{(2)t}\mathbf{S}^{(2)}\mathbf{z}^{(2)} - 2\mathbf{z}^{(m)t}\mathbf{S}^{(m)}\mathbf{z}^{(m)} > 0 \Leftrightarrow$$

$$\Leftrightarrow \mathbf{z}^{(1)t}\mathbf{S}^{(1)}\mathbf{z}^{(1)} + \mathbf{z}^{(2)t}\mathbf{S}^{(2)}\mathbf{z}^{(2)} - 2(\frac{1}{2}(\mathbf{z}^{(1)} + \mathbf{z}^{(2)}))^t \mathbf{S}^{(m)} \frac{1}{2}(\mathbf{z}^{(1)} + \mathbf{z}^{(2)}) > 0. \qquad (16)$$

Nachdem (15) positiv definit ist, gilt hier offenbar nach Einsetzen, dass $(\mathbf{S}^{(1)-1} + \mathbf{S}^{(2)-1})^{-1} - \frac{1}{2}\mathbf{S}^{(m)}$ positiv definit ist und daher

$$(\mathbf{z}^{(1)} + \mathbf{z}^{(2)})^t ((\mathbf{S}^{(1)-1} + \mathbf{S}^{(2)-1})^{-1} - \frac{1}{2}\mathbf{S}^{(m)})(\mathbf{z}^{(1)} + \mathbf{z}^{(2)}) > 0 \text{ bzw.}$$

$$(\mathbf{z}^{(1)} + \mathbf{z}^{(2)})^t (\mathbf{S}^{(1)-1} + \mathbf{S}^{(2)-1})^{-1} (\mathbf{z}^{(1)} + \mathbf{z}^{(2)}) > \frac{1}{2}(\mathbf{z}^{(1)} + \mathbf{z}^{(2)}) \frac{1}{2}\mathbf{S}^{(m)}(\mathbf{z}^{(1)} + \mathbf{z}^{(2)}) \text{ gilt.}$$

Daher genügt es anstelle von (16) zu zeigen, dass

$$\mathbf{z}^{(1)t}\mathbf{S}^{(1)}\mathbf{z}^{(1)} + \mathbf{z}^{(2)t}\mathbf{S}^{(2)}\mathbf{z}^{(2)} - 2(\frac{1}{2}(\mathbf{z}^{(1)} + \mathbf{z}^{(2)}))^t 2(\mathbf{S}^{(1)-1} + \mathbf{S}^{(2)-1})^{-1} \frac{1}{2}(\mathbf{z}^{(1)} + \mathbf{z}^{(2)}) \geq 0 \Leftrightarrow$$

$$\Leftrightarrow \mathbf{z}^{(1)t}\mathbf{S}^{(1)}\mathbf{z}^{(1)} + \mathbf{z}^{(2)t}\mathbf{S}^{(2)}\mathbf{z}^{(2)} - (\mathbf{z}^{(1)} + \mathbf{z}^{(2)})^t (\mathbf{S}^{(1)-1} + \mathbf{S}^{(2)-1})^{-1} (\mathbf{z}^{(1)} + \mathbf{z}^{(2)}) \geq 0.$$

Hier ist zu beachten, dass die Vektoren $\mathbf{z}^{(i)}$ und die Matrizen $\mathbf{S}^{(i)}$ für $i=1,2$ bzw. m die Eigenschaften haben wie die Vektoren und Matrizen in Satz 5 (die Matrizen $\mathbf{S}^{(i)}$, $i=1,2$ bzw. m haben jeweils zumindest 3 Zeilen und 3 Spalten). Daher gilt die dort unter a) bewiesene Ungleichung auch hier und der Beweis ist vollbracht.

☐

3.5 Probleme im Zusammenhang mit der Inversion von Omega

3.5.1 Rangdefizit der Matrizen Σ_n größer als 1

In diesem Abschnitt soll ein Problem beschrieben werden, welches auftritt, wenn man anstelle der Moore-Penrose-Inversen nur den oben beschriebenen Ansatz mit einer Matrix Ω, die auf Rangdefizit 1 beschränkt ist, durchführt.

Es kann nämlich in gewissen Fällen passieren, dass das Rangdefizit für alle Varianz-Kovarianz-Matrizen Σ_n größer als 1 wird, und zwar wenn ein j existiert mit $\hat{P}_{ij}=0$ oder $\hat{P}_{ij}=1 \forall i$. Inhaltlich bedeutet das,

- dass bei $\hat{P}_{ij}=0 \forall i$ die Partei j im betreffenden Wahlgebiet keine Stimmen bekommen hat.
- dass bei $\hat{P}_{ij}=1$ für genau ein i die Partei j im betreffenden Wahlgebiet nur Stimmen von ehemaligen Wählern einer einzigen Partei (höchstwahrscheinlich der eigenen) bekommen hat, von denen aber alle.

- dass bei $\hat{P}_{ij}=1$ für mehr als ein i die Partei j im betreffenden Wahlgebiet nur Stimmen von 2 oder mehr Parteien bekommen hat, von denen aber alle.

Diese genannten Fälle sind zugegebenermaßen recht unrealistisch. Es gibt aber auch Fälle, wo sich bei sehr wenigen von 0 und 1 verschiedenen Werten in der Matrix $\hat{\mathbf{P}}$ (insbesondere bei weniger als $2j$ solcher Werte) Rangdefizite größer 1 für alle Σ_n ergeben können.

Schließlich kann es auch sein, dass die Matrizen Σ_n für einige n singulär werden. Das passiert, wenn beispielsweise das liberale Forum bei der Vorwahl in einer kleinen Tiroler Gemeinde keine Stimme bekommen hat und die Übergangsmatrix in einer Spalte nur für das liberale Forum eine von 0 und 1 verschiedene Zahl aufweist. Dann ist auch die mit $\mathbf{A}_n$ transformierte Matrix Σ_n immer noch singulär. Dieser Fall ist nicht mehr so unrealistisch. Daher sollten die Parteigruppen für die Analysen so eingeteilt werden, dass jede Gruppe in jeder Gemeinde jedes Wahlgebietes zumindest eine Stimme hat. Andernfalls müssen die Stimmen geringfügig korrigiert werden.

3.5.2 Inversion der n Varianz-Kovarianz-Matrizen

Wünschenswert wäre, wenn nicht die riesige Matrix Ω, bzw. die n Matrizen Σ_n (bzw. die transformierten Matrizen) einzeln invertiert werden müssten, sondern eine einzige dieser Matrizen zu invertieren und die anderen Inversen für die restlichen Gemeinden als einfache Funktion dieser Inversen - beispielsweise durch Matrixmultiplikation mit einer

Matrix, die von den Einträgen der Matrix **X** abhängen - auszurechnen. Nachdem die Matrizen in (2) für alle n ähnliche Bauart haben und sich nur durch die Multiplikation mit den jeweiligen Werten X_{ni} unterscheiden, könnte man mit einer Trennung dieser Werte von den Vektoren $\mathbf{p}_{i\cdot}$ eine Erleichterung erfahren. Die folgenden Abschnitte sollen zeigen, dass eine solche Trennung jedoch nicht Rechenaufwand reduzierend vollzogen werden kann.

3.5.2.1 Zerlegung der Varianz-Kovarianz-Matrix in Summanden

Zur Illustration sei der Fall für $I = 2$ und $J = 2$ betrachtet. Für Gemeinde r sieht die Varianz-Kovarianz-Matrix dann folgendermaßen aus:

$$\Sigma_r^{-1} = \left(X_{r1} \begin{pmatrix} P_{11} - P_{11}^2 & -P_{11}P_{12} \\ -P_{11}P_{12} & P_{12} - P_{12}^2 \end{pmatrix} + X_{r2} \begin{pmatrix} P_{21} - P_{21}^2 & -P_{21}P_{22} \\ -P_{21}P_{22} & P_{22} - P_{22}^2 \end{pmatrix} \right)^{-1} \quad (17)$$

Bezeichnet man mit $\mathbf{A}_1$ und $\mathbf{A}_2$ die bereits auf die Dimension 1×1 projizierten Matrizen $\begin{pmatrix} P_{11} - P_{11}^2 & -P_{11}P_{12} \\ -P_{11}P_{12} & P_{12} - P_{12}^2 \end{pmatrix}$ und $\begin{pmatrix} P_{21} - P_{21}^2 & -P_{21}P_{22} \\ -P_{21}P_{22} & P_{22} - P_{22}^2 \end{pmatrix}$, so ist folgende Matrixinversion von Interesse:

$$(X_{r1}\mathbf{A}_1 + X_{r2}\mathbf{A}_2)^{-1} = (X_{r1}\mathbf{A}_1(\mathbf{I} + \frac{X_{r2}}{X_{r1}}\mathbf{A}_1^{-1}\mathbf{A}_2))^{-1} =$$

$$= (\mathbf{I} + \frac{X_{r2}}{X_{r1}}\mathbf{A}_1^{-1}\mathbf{A}_2)^{-1}(X_{r1}\mathbf{A})^{-1}. \quad (18)$$

Falls nun der größte Eigenwert der Matrix $\frac{X_{r2}}{X_{r1}}\mathbf{A}_1^{-1}\mathbf{A}_2$ kleiner 1 wäre, dann könnte man fortsetzen mit

$$(I + \frac{X_{r2}}{X_{r1}}\mathbf{A}_1^{-1}\mathbf{A}_2)^{-1}(X_{r1}\mathbf{A}_1)^{-1} =$$

$$= (I - \frac{X_{r2}}{X_{r1}}\mathbf{A}_1^{-1}\mathbf{A}_2 + (\frac{X_{r2}}{X_{r1}}\mathbf{A}_1^{-1}\mathbf{A}_2)^2 - (\frac{X_{r2}}{X_{r1}}\mathbf{A}_1^{-1}\mathbf{A}_2)^3 + (\frac{X_{r2}}{X_{r1}}\mathbf{A}_1^{-1}\mathbf{A}_2)^4 - \ldots - \ldots)(\frac{X_{r2}}{X_{r1}}\mathbf{A}_1)^{-1}$$

(19)

und man könnte (18) durch (19) hinreichend genau approximieren, da (19) gegen (18) dann konvergieren würde (siehe auch Anhang).

Da aber $\mathbf{A}_1$ und $\mathbf{A}_2$ im vorliegenden Fall Zahlen sind und die für die Konvergenz relevanten größten Eigenwerte jeweils die Zahlen selbst sind, ist offensichtlich, dass der größte Eigenwert von $\frac{X_{r2}}{X_{r1}}\mathbf{A}_1^{-1}\mathbf{A}_2$ im allgemeinen nicht kleiner als 1 ist.

Im Falle von $J > 2$ hat die Erfahrung gezeigt, das meistens keine Matrix $\mathbf{A}_j$ $j \in \{1,\ldots,J\}$ gefunden werden kann, sodass der größte Eigenwert von $\mathbf{A}_j^{-1}\mathbf{A}_l$ $\forall l \in \{1,\ldots,J\}$, $l \neq j$ auf kleiner als 1 beschränkt bleibt.

3.5.2.2 Zerlegung der Varianz-Kovarianz-Matrix in Faktoren

Natürlich ist es auch möglich, (17) in ein Produkt zu zerlegen, beispielsweise so:

$$\mathbf{\Sigma}_r^{-1} = \left(\begin{pmatrix} X_{r1} & 0 & X_{r2} & 0 \\ 0 & X_{r1} & 0 & X_{r2} \end{pmatrix} \begin{pmatrix} P_{11} - P_{11}^2 & -P_{11}P_{12} & 0 & 0 \\ -P_{11}P_{12} & P_{12} - P_{12}^2 & 0 & 0 \\ 0 & 0 & P_{21} - P_{21}^2 & -P_{21}P_{22} \\ 0 & 0 & -P_{21}P_{22} & P_{22} - P_{22}^2 \end{pmatrix} \begin{pmatrix} 1 & 0 \\ 0 & 1 \\ 1 & 0 \\ 0 & 1 \end{pmatrix} \right)^{-1}.$$

Man kann $\mathbf{\Sigma}_r^{-1}$ also in ein Produkt eines ausschließlich von $\mathbf{X}$ abhängigen Teiles und eines ausschließlich von $\mathbf{P}$ abhängigen Teiles zerlegen. Allerdings sind die beteiligten Matrizen alle singulär. Die Rechenregel für die Inverse eines Produktes von Matrizen

$$(\mathbf{A}_1\mathbf{A}_2\mathbf{A}_3\ldots\mathbf{A}_K)^{-1} = \mathbf{A}_K^{-1}\ldots\mathbf{A}_3^{-1}\mathbf{A}_2^{-1}\mathbf{A}_1^{-1}$$

gilt nur für reguläre Matrizen A_k und im allgemeinen nicht für Moore-Penrose-Inverse. Es gilt lediglich folgender Satz:

Satz 7: Sei A eine reguläre Matrix und B eine beliebige Matrix, sodass AB möglich ist, dann ist $X = B^+ A^{-1}$ eine $\{1,2,4\}$-Inverse von AB (siehe auch Anhang). Ist A orthonormal, so ist X die Moore-Penrose-Inverse.

Beweis:

Bedingung 1: $ABXAB = ABB^+A^{-1}AB = ABB^+B = AB$

Bedingung 2: $XABX = B^+A^{-1}ABB^+A^{-1} = B^+BB^+A^{-1} = B^+A^{-1} = X$

Bedingung 4: $(XAB)^t = (B^+A^{-1}AB)^t = (B^+B)^t = B^+B = B^+A^{-1}AB = XAB$

Im Gegensatz zu den Bedingungen 1, 2 und 4 für eine Moore-Penrose-Inverse ist

Bedingung 3 nur dann erfüllt, wenn $A^{-1} = A^t$ gilt:

$(ABX)^t = (ABB^+A^{-1})^t = A^{-1t}(BB^+)^t A^t = A^{-1t}BB^+A^t \neq ABB^+A^{-1} = ABX$. □

Will man dieses Resultat verwenden, müsste man aber die von X abhängige 2×4-Matrix in eine orthonormale 4×4-Matrix erweitern, was wieder ein enormer Rechenaufwand wäre und die Rechenzeit wohl nicht wirklich verkürzt.

Andere Autoren geben ebenfalls explizite Berechnungen für die Moore-Penrose-Inverse eines Produktes von Matrizen an (siehe den Satz von MacDuffee, Ben-Israel und Greville, 1974, S.23), jedoch werden hier immer restriktive Forderungen an die Ränge der beteiligten Matrizen gemacht.

3.6 Praktische Vorgehensweise bei der Modellschätzung

In diesem Abschnitt wird nun der verwendete Optimierer zur Schätzung des aktuellen Modelles kurz skizziert. Tabelle 13 ,Tabelle 14 und Tabelle 15 sollen verdeutlichen, wie der Algorithmus funktioniert.

In Tabelle 13 ist eine fiktive Übergangsmatrix dargestellt. Diese könnte beispielsweise durch das Modell, das keine Kovarianzen aber heterogene Varianzen proportional zu den Wahlberechtigtenzahlen in den Gemeinden zulässt (vgl. Neuwirth, 1994), geschätzt werden, so wie das in der vorliegenden Arbeit auch praktiziert wurde. Diese Übergangsmatrix bildet den Ausgangspunkt weiterer Berechnungen.

Da es einige Nebenbedingungen im Optimierungsproblem (9) gibt, können nicht einfach einzelne Elemente der Matrix variiert werden, ohne die zulässige Lösungsmenge zu verlassen. Die Änderung muss vielmehr in Form von Wertänderungen in Form einer Rechtecksregel geschehen. Variiert werden müssen allerdings absolute Stimmenzahlen und nicht Prozentsätze.

Tabelle 13: Fiktive Übergangsmatrix zwischen zwei Wahlen (bedingte Wahrscheinlichkeiten)

		aktuelle Wahl		
		Partei 1	Partei 2	Partei 3
	Partei 1	100%	0%	0%
Vorwahl	Partei 2	30%	40%	30%
	Partei 3	0%	40%	60%

Eine neben der in Tabelle 13 angegebenen Lösung erhält man beispielsweise dadurch, dass die Übergangsanteile von Partei 1 zu Partei 2, sowie von Partei 3 zu Partei 1 erhöht und als Kompensation die Wechsel-Wahrscheinlichkeiten von Partei 1 zu Partei 1 und von Partei 3 zu Partei 2 vermindert werden. Diese Änderungen dürfen aber im allgemeinen nicht im gleichen Ausmaß erfolgen, da die Randsummen der absoluten Stimmen konstant bleiben müssen.

Tabelle 14: Veränderung entlang des Rechteckes 4 aus Tabelle 15

		aktuelle Wahl		
		Partei 1	Partei 2	Partei 3
	Partei 1	-C	+C	
Vorwahl	Partei 2			
	Partei 3	+C	-C	

Verändert man die jeweiligen Ströme um genau C Stimmen und adaptiert man die bedingten Wahrscheinlichkeiten entsprechend, ergibt sich wieder eine zulässige Lösung. Der eben beschriebenen Veränderung würde jener von Rechteck 4 in Tabelle 15 entsprechen und ist in Tabelle 14 dargestellt. Wie man hier sieht, ist es in diesem Rechteck nicht möglich, die Stimmen in die entgegengesetzte Richtung zu verschieben, also die Übergangsanteile von Partei 1 zu Partei 2 zu vermindern, usw..

Die Funktionswertveränderungen für $F(\mathbf{p})$ in (9) bezüglich solcher Stimmenverschiebungen werden nun für relativ kleine Werte C berechnet und entlang der besten Verbesserungsrichtung wird jeweils solange weitergegangen, bis der Funktionswert nicht mehr verbessert werden kann. Diese Vorgehensweise wird für eine bestimmte Iterationsanzahl fortgesetzt.

Tabelle 15: Mögliche Rechtecksschleifen, entlang derer die Matrix in Tabelle 13 verändert werden kann.

Rechteck	Reihen		Spalten		+ - - +	- + + -
1	1	2	1	2	nicht möglich	möglich
2	1	2	1	3	nicht möglich	möglich
3	1	2	2	3	nicht möglich	nicht möglich
4	1	3	1	2	nicht möglich	möglich
5	1	3	1	3	nicht möglich	möglich
6	1	3	2	3	nicht möglich	nicht möglich
7	2	3	1	2	nicht möglich	möglich
8	2	3	1	3	nicht möglich	möglich
9	2	3	2	3	möglich	möglich

3.7 Adaption der Optimierungsfunktion

Wie schon in Kapitel 2 in Abbildung 4 bis Abbildung 12 teilweise angedeutet, gibt es immer wieder einige deutliche Ausreißer bei den Stimmenanteilen in den Gemeinden. In Abbildung 12 beispielsweise verursacht der Punkt im Scatter-Plot links oben, der von einer für oberösterreichische Verhältnisse relativ kleinen Gemeinde stammt (St. Georgen/Fillmannsbach mit 291 Wahlberechtigten), im Tomography-Plot eine massive Abweichung von der Homogenitätsannahme für die Wechselanteile. Die FPÖ konnte in dieser Gemeinde schlichtweg viel mehr an Stimmen behalten, als in allen anderen oberösterreichischen Gemeinden. Aufgrund der niedrigen Wahlberechtigtenzahl werden die Schätzer, die heterogene Varianzen berücksichtigen, jedoch nicht so stark von dieser Tatsache beeinflusst werden.

Wirklich starke Abweichungen vom Modell sieht man in Darstellungen von den standardisierten Residuen. In Tabelle 16 sind für jedes Bundesland die Gemeinden dargestellt, in denen es die betragsmäßig höchsten standardisierten Residuen bei der Regression der

Nationalratswahl 2002 auf die Nationalratswahl 1999 mit dem vorliegenden Modell gegeben hat. Hier werden massivste Abweichungen vom unterstellten Modell evident.

In der knapp 9000 Wahlberechtigte umfassenden burgenländischen Landeshauptstadt Eisenstadt beispielsweise wird aufgrund der Übergangsmatrix ein SPÖ-Anteil von 29,8% prognostiziert. Ein 95%-Konfidenzintervall, das die Korrelationen der Residuen mit den andern Parteien allerdings nicht berücksichtigt, käme auf $29,8\% \pm 1,96 \cdot 0,33\% = [29,2\%; 30,4\%]$. Tatsächlich haben aber dort nur 25,5% die sozialdemokratische Partei gewählt, was einer Differenz von 12,9 Standardabweichungen entspricht. Tabelle 16 zeigt dass es noch deutlich stärkere Abweichungen gibt (bis 57,3 Standardabweichungen am Beispiel Graz). Auffallend ist jedenfalls, dass die großen Städte in jedem Bundesland oft Spitzenreiter, immer aber zumindest im Spitzenfeld bei der Modellverletzung sind. Im Zusammenhang mit der Hochrechnung in Abschnitt 4.3.2.10 wird darauf noch einmal eingegangen.

Für Wien ist die Aussage, dass fast alle Bezirke große Residuen aufweisen (10 Standardabweichungen oder mehr) und homogene Übergänge dadurch kaum unterstellt werden können.

Was die EU-Wahl 2004 betrifft, werden dort solche extremen Residuen noch mehr ermöglicht. Da nämlich bei EU-Wahlen (und auch bei Bundespräsidentenwahlen) die Wahlberechtigten nicht in ihrer Heimatgemeinde wählen müssen, kann es vorkommen, dass trotz einer Wahlbeteiligung von 58% für ganz Burgenland im Ausflugsort Bad Tatzmannsdorf bei Schönwetter so viele (oder sogar mehr) Stimmen abgegeben werden wie Wahlberechtigte im Wählerverzeichnis eingetragen sind und dort 100% Wahlbeteiligung gemessen werden.

Tabelle 16: Extreme Residuen, Nationalratswahl 2002

Burgenland: 10101 Eisenstadt (8807 Wahlberechtigte)

	SP	VP	FP	GR	AN	NW	
beobachtet	25,5%	47,0%	4,9%	7,6%	0,7%	14,2%	100%
vorausgesagt	29,8%	42,4%	4,8%	7,1%	0,6%	15,3%	100%
Standardabweichung	0,33%	0,36%	0,20%	0,15%	0,08%	0,30%	
Differenz (St.Abw.)	12,9	12,8	0,5	3,5	2,2	3,6	

Kärnten: 20101 Klagenfurt (68928 Wahlberechtigte)

	SP	VP	FP	GR	AN	NW	
beobachtet	26,3%	24,7%	16,4%	6,9%	1,3%	24,3%	100%
vorausgesagt	27,1%	23,8%	17,7%	6,1%	1,1%	24,1%	100%
Standardabweichung	0,12%	0,13%	0,12%	0,06%	0,04%	0,12%	
Differenz (St.Abw.)	6,5	7,0	10,7	13,6	4,7	1,8	

Niederösterreich: 30201 St.Pölten (36937 Wahlberechtigte)

	SP	VP	FP	GR	AN	NW	
beobachtet	42,2%	27,2%	4,9%	7,6%	1,4%	16,8%	100%
vorausgesagt	38,9%	30,7%	5,3%	6,9%	1,2%	16,9%	100%
Standardabweichung	0,16%	0,16%	0,10%	0,08%	0,05%	0,16%	
Differenz (St.Abw.)	20,5	21,9	3,7	8,1	4,1	1,2	

Oberösterreich: 40101 Linz (136449 Wahlberechtigte)

	SP	VP	FP	GR	AN	NW	
beobachtet	35,8%	22,2%	7,6%	8,9%	1,3%	24,2%	100%
vorausgesagt	36,1%	22,0%	6,2%	8,9%	2,0%	24,9%	100%
Standardabweichung	0,07%	0,08%	0,06%	0,05%	0,04%	0,06%	
Differenz (St.Abw.)	3,8	2,5	24,7	0,7	18,3	13,1	

Salzburg: 50404 Bischofshofen (7017 Wahlberechtigte)

	SP	VP	FP	GR	AN	NW	
beobachtet	40,6%	27,9%	7,5%	4,6%	1,0%	18,5%	100%
vorausgesagt	35,7%	29,9%	8,0%	5,6%	1,0%	19,7%	100%
Standardabweichung	0,21%	0,30%	0,28%	0,21%	0,12%	0,23%	
Differenz (St.Abw.)	23,5	6,8	1,9	5,0	0,3	5,5	

Steiermark: 60101 Graz (182121 Wahlberechtigte)

	SP	VP	FP	GR	AN	NW	
beobachtet	22,6%	28,7%	7,4%	10,3%	2,5%	28,5%	100%
vorausgesagt	25,4%	28,8%	7,4%	7,8%	2,3%	28,1%	100%
Standardabweichung	0,06%	0,05%	0,06%	0,04%	0,03%	0,07%	
Differenz (St.Abw.)	46,1	2,8	0,4	57,3	4,7	5,5	

Tirol: 70357 Telfs (8480 Wahlberechtigte)

	SP	VP	FP	GR	AN	NW	
beobachtet	25,5%	29,9%	8,8%	10,8%	2,0%	22,9%	100%
vorausgesagt	20,9%	35,1%	9,5%	9,6%	1,8%	23,0%	100%
Standardabweichung	0,16%	0,38%	0,29%	0,20%	0,15%	0,33%	
Differenz (St.Abw.)	28,2	13,9	2,6	6,1	1,2	0,2	

Vorarlberg: 80103 Bludenz (9306 Wahlberechtigte)

	SP	VP	FP	GR	AN	NW	
beobachtet	29,4%	29,1%	8,1%	11,0%	2,8%	19,5%	100%
vorausgesagt	24,3%	33,8%	8,7%	10,3%	2,9%	19,9%	100%
Standardabweichung	0,27%	0,38%	0,22%	0,24%	0,17%	0,35%	
Differenz (St.Abw.)	19,1	12,5	2,6	2,8	0,7	1,1	

Wien: 90101 Innere Stadt (28894 Wahlberechtigte)

	SP	VP	FP	GR	AN	NW	
beobachtet	7,8%	15,2%	2,2%	6,1%	0,5%	68,2%	100%
vorausgesagt	7,7%	19,1%	3,0%	8,1%	0,7%	61,4%	100%
Standardabweichung	0,08%	0,18%	0,09%	0,13%	0,04%	0,18%	
Differenz (St.Abw.)	1,1	21,7	9,4	16,0	2,8	37,9	

Wenn dann von außen gesehen nun statt ca. 42% nur 0% der Wahl fernbleiben, kann sogar jemand mit geringen Statistikkenntnissen ahnen, welch starker Ausreißer hier produziert wird.

Um den Einfluss solcher Ausreißer im diskutierten Modell abzuschwächen, wäre auch eine Robustifizierung in einer Art und Weise, damit der Einfluss solcher Extremwerte auf die Optimierungsfunktion abgeschwächt wird, wünschenswert. Anstelle des quadratischen Charakters der Funktion könnte man zum Beispiel weiter außerhalb gelegene Datenpunkte mit einem eher linearen als quadratischen Term belasten. Hierfür sei nochmals (9) betrachtet.

Sei $\mathbf{w} = \mathbf{y} - \mathbf{Xp}$ und $\mathbf{v}$ ein Vektor, der dieselbe Dimension wie $\mathbf{w}$ aufweist und seien die Elemente von $\mathbf{v}$ gebildet durch $v_i = \text{sgn}(w_i)|w_i|^{\frac{c}{2}}$, dann kann (9) dadurch modifiziert werden, dass stattdessen die Funktion

$$G_c(\mathbf{p}) = \mathbf{v}^t (\mathbf{A}^t (\mathbf{A}\Omega(\mathbf{p})\mathbf{A}^t)^{-1} \mathbf{A})^{\frac{c}{2}} \mathbf{v} \to Min_\mathbf{p} \qquad (20)$$

optimiert wird. c kann hierbei als beliebige reelle Zahl gewählt werden, jedoch ist zu beachten, dass nicht ganzzahlige Werte von c ein mehrfaches „Wurzelziehen" der Matrix $(\mathbf{A}^t(\mathbf{A}\Omega(\mathbf{p})\mathbf{A}^t)^{-1}\mathbf{A})$ zur Folge haben. Abbildung 18 zeigt, wie sich die Charakteristik der Optimierungsfunktion verändert. Vom theoretischen Standpunkt ist klar, dass für alle Werte von $c \neq 2$ die Schätzung nicht mehr der ML-Schätzung unter der Annahme der Normalverteilung entspricht. Außerdem dürfen die Schätzer dann in dem Sinne auch nicht mehr als Übergangswahrscheinlichkeiten interpretiert werden.

Die Modifikation für $c = 1$ wurde vom Autor probeweise für die Bundespräsidentenwahl 2004 gerechnet, da aufgrund der geringeren Dimension der Übergangsmatrix kürzere Rechenzeiten zu erwarten waren.

Es stellte sich aber heraus, dass die Rechenzeit trotzdem mindestens die dreifache Zeit des ohnehin schon rechenzeitintensiven Multinomialmodelles benötigt hatte. Die Modifikation lieferte Schätzer, die eher dem Modell ohne Kovarianzen und gemeindegrößenabhängigen Varianzen ähnlich waren als dem Multinomialmodell. Auf eine kompakte Übersicht wurde aufgrund der mangelnden Modellunterschiede und der enormen Rechenzeit verzichtet.

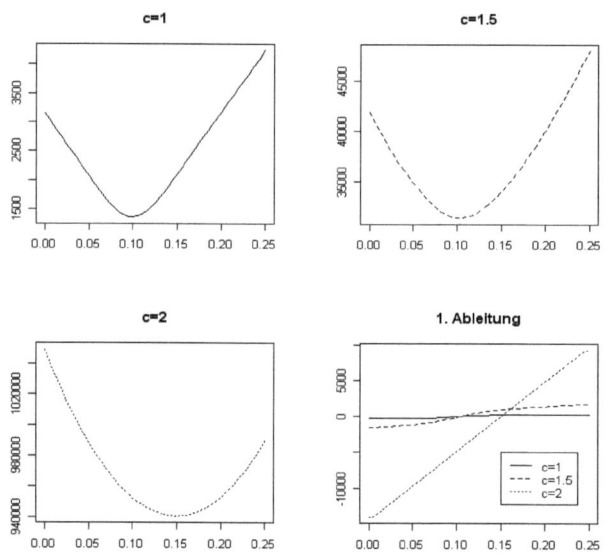

Abbildung 18: Robustifizierungsvarianten des Modelles.

Angesichts der teilweise enormen Residuen ist überhaupt zu hinterfragen, ob es nicht besser wäre, das Wahlgebiet in wesentlich mehr kleinere Gebiete zu unterteilen. Auch die in Kapitel 2.2 angesprochene Methode von Neuwirth und Leisch mittels Mischverteilungsmodellen müsste hier deutlich bessere Ergebnisse bringen. Entscheidet man sich für wesentlich kleinere Gemeindecluster, ist klar, dass eine solche Vorgehensweise für

Hochrechnungen immer unbrauchbarer wird sondern hier das Hauptinteresse wirklich der Wählerwanderungsschätzung am Ende des Wahltags dient. Die horrenden Abweichungen in Tabelle 16 zeigen auch, dass es ziemlich schwierig ist, Konfidenzintervalle für die Schätzungen anzugeben, weil das Ausmaß der Modellverletzung schwer kalkuliert werden kann. Auch Tabelle 23 weiter unten macht dies deutlich. Beim SORA-Institut[5] wird alternativ versucht, das Konfidenzintervall für die gesamtösterreichischen Übergangswahrscheinlichkeiten aufgrund der verschiedenen Schätzer bei mehreren unterschiedlichen Clustereinteilungen wie in der nichtparamtetrischen Statistik zu schätzen. (95%-Konfidenzintervall durch Streichung der beiden extremsten Schätzer bei 40 Clustereinteilungen. Dies ist jedoch methodisch natürlich auch nicht abgesichert.

---

[5] Interview mit Eva Zeglovits (SORA-Institut) am 19. Februar 2004

4. Die empirischen Resultate

In diesem Kapitel soll nun das in Kapitel 3 diskutierte Modell, das Hauptgegenstand dieser Arbeit ist, einem empirischen Test unterzogen werden. Zwar scheint dem Autor das Hauptinteresse, wie sich die Unterschiede in den Wählerübergangsmatrizen äußern, trotzdem wird sich der größere Teil dieses Kapitels mit dem Abschneiden bei der Hochrechnung im Vergleich mit einfacheren Modellen beschäftigen, um die Güte der darauf folgenden Wählerstromanalyse abschätzen zu können.

4.1 Der Datenvorrat

Aus Aktualitätsgründen wird das Hauptaugenmerk dieses Kapitels auf die letzte bundesweite österreichische Wahl gelegt, die EU-Wahl 2004. Bei der Vergleichswahl, auf die zurückgerechnet werden soll, wurde der Nationalratswahl 2002 gegenüber der EU-Wahl 1999 hauptsächlich aus zwei Gründen der Vorzug gegeben. Erstens liegt die EU-Wahl 1999 mehr als doppelt so weit vor der EU-Wahl 2004 wie die Nationalratswahl 2002, was zur Folge hat, dass die Veränderungen im Wählerverzeichnis bedingt durch Zuzug, Abzug, Geburt oder Tod ebenfalls anzahlmäßig mehr als doppelt so groß sind und diese Tatsache die Vergleichbarkeit erschwert. Das ist auch der Hauptgrund für die Entscheidung. Zweitens entspricht eine bei der Nationalratswahl gewählte Partei wohl eher einer eigenen politischen Identität als eine bei der EU-Wahl getroffene Entscheidung, die als nicht so unmittelbar für das eigene Schicksal entscheidend gesehen wird und demnach oft zum Protestwählen geeignet ist. Gemeint ist hier, dass wenn festgestellt wurde, das x% der SPÖ-Wähler von 2002 bei der EU-Wahl Grün gewählt haben, die Aussage nahe liegt, dass x% der momentanen SPÖ-Sympathisanten bei der EU-Wahl Grün gewählt haben, während eine Wahlentscheidung für die SPÖ bei der letzten EU-Wahl vielleicht auch taktisch gewesen sein könnte und womöglich weniger direkt einer Parteiidentität entspricht. Dem Autor liegen allerdings keine empirischen Ergebnisse vor, wonach die eigene Parteiidentität (eventuell sogar Mitgliedschaft) eher mit der Wahlentscheidung bei Nationalratswahlen als mit der Wahlentscheidung bei EU-Wahlen korrelieren. Hier handelt es sich lediglich um ein subjektives Empfinden. Wählerstromanalysen werden aber auch für die Übergänge von der Nationalratswahl 1999 zur letzten Nationalratswahl im Jahr 2002 gerechnet, da es hier die größte Stimmenanteilsveränderung in der Geschichte der zweiten Republik gegeben hat.

4.2 Die konkurrierenden Modelle

Bei den Vergleichen, in denen die einzelnen Bundesländer als separate Wahlgebiete dienen, werden drei Schätzungen miteinander verglichen. Neben dem Modell aus Kapitel 3 (im folgenden als „GLS-Kovarianzen" bzw. Multinomialmodell bezeichnet), dem das Hauptinteresse bei diesen Untersuchungen gilt, sollen als Vergleichsmodelle einerseits der restringierte OLS-Schätzer dienen, andererseits der restringierte GLS-Schätzer, der die Varianzen der Stichprobenanteile die Anzahl der Wahlberechtigten in der Gemeinde verwendet („GLS-Varianzen"). So ist einerseits der Effekt der Berücksichtigung der Varianzinhomogenität direkt sichtbar (OLS versus „GLS-Varianzen"), als auch der Effekt der zusätzlich verwendeten Kovarianzterme vom aktuellen Modell („GLS-Varianzen" versus „GLS-Kovarianzen").

Beim Hochrechnungsvergleich für das gesamte bundesweite Wahlgebiet wird zusätzlich ein restringierter OLS-Schätzer verwendet, der jedoch andere Gemeindecluster verwendet, nämlich die bei Hofinger und Ogris (2002) vorgeschlagene Clustereinteilung, die die Gemeinden nach dem SPÖ-Anteil bei der Nationalratswahl 1999 in fünf gleichgroße Gruppen aufteilt.

4.3 Hochrechnungen im Vergleich

4.3.1 Allgemeines

Wie schon ansatzweise beschrieben, gibt es viele Möglichkeiten Hochrechnungen durchzuführen. Neben Umfragen als Startschätzer, die durch Ausgleichsrechnungen modifiziert werden, besteht auch die Möglichkeit, von Anfang an nur mit den vorhandenen ausgezählten Wahldaten die Hochrechnung durchzuführen. Es wird dann einer Wählerstromanalyse mit den bereits ausgezählten Gemeinden gerechnet und die resultierende Matrix wird dann mit den Stimmen (bzw. Stimmenanteilen) jener Gemeinden bei der Vorwahl multipliziert, die bei der aktuellen Wahl noch nicht ausgezählt sind. Dieses hochgerechnete Ergebnis wird dann zum bereits vorhandenen Ergebnis gezählt (im Falle von Absolutstimmen, sonst natürlich entsprechend gewichtet) und bildet dann die Prognose zum betreffenden Zeitpunkt.

In Wahlgebieten, bei denen zum Hochrechnungszeitpunkt nur sehr wenige Gemeinden vorhanden sind, hat diese Vorgehensweise den Nachteil, dass bei nur wenigen ausgezählten Gemeinden die an sich schon instabilen Schätzer noch instabiler werden.

Der Begutachter dieser Dissertation, Prof. Neuwirth, verwendet daher als Abhilfe Vergleichswahlgebiete, die ähnliche Übergangsmatrizen haben. Ist nun in so einem Vergleichswahlgebiet ein deutlich größerer Anteil an Stimmen bereits ausgezählt, wird vorübergehend die Übergangsmatrix dieses Vergleichsgebietes für das ursprüngliche Wahlgebiet mit stärkerer Gewichtung eingesetzt. Wahlgebiete und Vergleichswahlgebiete sind aber immer ganze Bundesländer oder sogar Bundesländergruppen. Im Detail ist das Verfahren der Hochrechnung bei Schwärzler (2000) beschrieben.

Der Autor dieser Arbeit hat sich dafür entschieden, solche Hochrechnungen mit „verwandten" Wahlgebieten (bis auf die österreichweite Hochrechnung, bei der aber lediglich Wien mithilfe seiner „Nachbarn" hochgerechnet wird) nicht durchzuführen. Das hat den Grund, dass das Ziel dieser Analysen weniger das Entwickeln eines guten Hochrechnungsmodelles, sondern der saubere Vergleich zwischen mehreren Modellen ist. Zu diesem Zwecke scheint es dem Autor besser, alle Effekte, die nicht durch die Unterschiedlichkeit des Modelles verursacht sein könnten, auszuschalten. Da sich die Übergangsmatrizen von solchermaßen „verwandten" Wahlgebieten hier oftmals deutlich unterscheiden und sogar die Homogenität der Übergangswahrscheinlichkeiten <u>innerhalb</u> der Wahlgebiete diskutabel ist, sollen hier Verzerrungen verhindert werden. Wiewohl dadurch natürlich Schätzer mit höherer Varianz erzeugt werden. In den vorliegenden Analysen wird eine Hochrechnung ab zehn vorhandenen Gemeinden in einem Wahlgebiet durchgeführt.

4.3.2 EU-Wahl 2004 auf die Nationalratswahl 2002 zurückgerechnet

Im österreichischen Fernsehen gibt es üblicherweise um 17h die erste Hochrechnung. Dennoch werden die ersten inoffiziellen Hochrechnungen schon früher durchgeführt. Um 14:30h waren bei der EU-Wahl 2004 bereits mehr als 10% der Stimmen gezählt. Dies wurde auch als erster Vergleichspunkt gewählt. Um 19:30h waren alle Ergebnisse verfügbar. Um 18:45h wurde eine Hochrechnung eingeschoben, da zu diesem Zeitpunkt auch noch erstmals eine Hochrechnung für Wien durchgeführt werden konnte.

Tabelle 17: Datenvorrat für die Hochrechnung der EU-Wahl 2004.

Anzahl ausgezählter Gemeinden

		Bundesland							
		Bgld	Ktn	NÖ	OÖ	Sbg	Stmk	T	Vbg	W	gesamt
Zeitpunkt	14:30	50	4	129	128	5	259	88	73	0	736
	15:30	91	21	251	225	15	369	146	94	0	1212
	16:00	106	29	315	278	23	492	168	96	0	1507
	17:00	146	75	448	398	43	532	222	96	0	1960
	18:00	171	118	534	442	99	543	266	96	0	2269
	18:45	171	132	565	445	116	543	275	96	11	2354
	19:30	171	132	573	445	119	543	279	96	23	2381

Anteil ausgezählter Stimmen

		Bundesland							
		Bgld	Ktn	NÖ	OÖ	Sbg	Stmk	T	Vbg	W	gesamt
Zeitpunkt	14:30	15%	1%	10%	10%	0%	26%	8%	44%	0%	11%
	15:30	33%	6%	22%	24%	2%	44%	19%	79%	0%	22%
	16:00	44%	8%	31%	32%	4%	67%	25%	100%	0%	30%
	17:00	71%	26%	53%	62%	12%	79%	46%	100%	0%	46%
	18:00	100%	64%	75%	82%	81%	100%	71%	100%	0%	67%
	18:45	100%	100%	94%	100%	96%	100%	80%	100%	48%	87%
	19:30	100%	100%	100%	100%	100%	100%	100%	100%	100%	100%

Wie man in Tabelle 17 sieht, sind werden die Bundesländer nicht zu den gleichen Zeitpunkten ausgezählt. Gemeinden, bei denen mehr als 90% der Stimmen zu einem Zeitpunkt ausgezählt waren, wurden gesondert markiert. Zu diesem Zeitpunkt werden die Hochrechnungsergebnisse der verschiedenen Schätzer nicht mehr in Form einer Rangreihung miteinander verglichen, da Rundungseffekte oder numerische Fehler gegenüber der Schätzungenauigkeit überwiegen könnten.

Bei der Reihenfolge der Auszählung sieht man beispielsweise, dass in Vorarlberg um 16 Uhr schon alles bekannt ist und es erübrigt sich jede anschließende Hochrechnung. Umgekehrt schließen in Wien die Wahllokale nicht vor 18h, sodass beispielsweise in die 18h-Wahlhochrechnung überhaupt keine Wiener Daten eingehen. Überhaupt ist die Wahlhochrechnung in Wien in mehrerlei Hinsicht problematisch. Nicht nur, dass die Wahllokale in Wien erst um 18 Uhr schließen (und damit die ersten Wiener Daten erst in der 18:45h-Hochrechnung enthalten sind, gibt es auch nur 23 Beobachtungen (die 23 Wiener Bezirke). Für die Fernsehhochrechnung stehen die Daten der einzelnen Wahlsprengel in Wien auch zur Verfügung. Das dritte Problem ist, dass man die ersten beiden Probleme nicht wirklich gut umgehen kann, da sich das Wahlwechselverhalten doch recht deutlich von jenem der anderen acht Bundesländern unterscheidet und es hier schwer ist, bereits ausgezählte Vergleichswahlgebiete zu finden.

Bei der EU-Wahl 2004 gab es bundesweit im wesentlichen sechs wahrnehmbare Wahlgruppen, der sich die Bevölkerung zum überwiegenden Teil (98,6%) zugeordnet hat, nämlich die SPÖ, die ÖVP, die FPÖ, die Grünen, die Liste von Hans Peter Martin und schließlich die bundesweit größte Gruppe der Nichtwähler. Die Prozentsätze in den folgenden Hochrechnungen sind daher als bedingte Wahrscheinlichkeiten, gegeben man hat sich für eine dieser Gruppen entschieden, zu verstehen. Auf Ungültig-Wähler und Wähler der „linken Partei" wurde mangels Prognosegüte verzichtet. Was im jeweiligen Partei-Endergebnis auch nicht enthalten ist, sind Wahlkartenstimmen, die erst Tage bis Wochen nach der

Wahl bekannt wurden und dem Wahlergebnis nicht auf Gemeindeebene zugeordnet werden können. Auf den folgenden Seiten werden nun für die einzelnen Parteien (exklusive Nichtwähler) die Hochrechnung getrennt für die einzelnen Bundesländer durchgeführt.

4.3.2.1 Burgenland

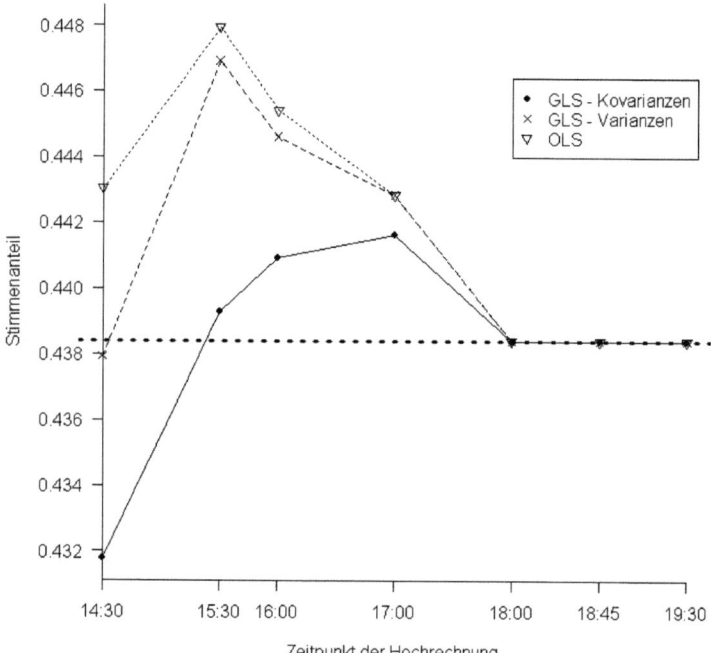

Abbildung 19: Wahlhochrechnung für die SPÖ im Burgenland.

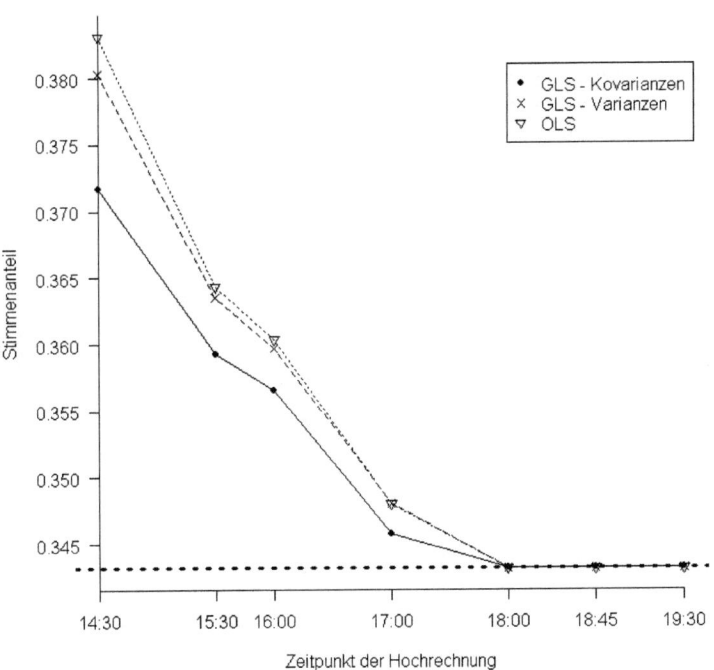

Abbildung 20: Wahlhochrechnung für die ÖVP im Burgenland.

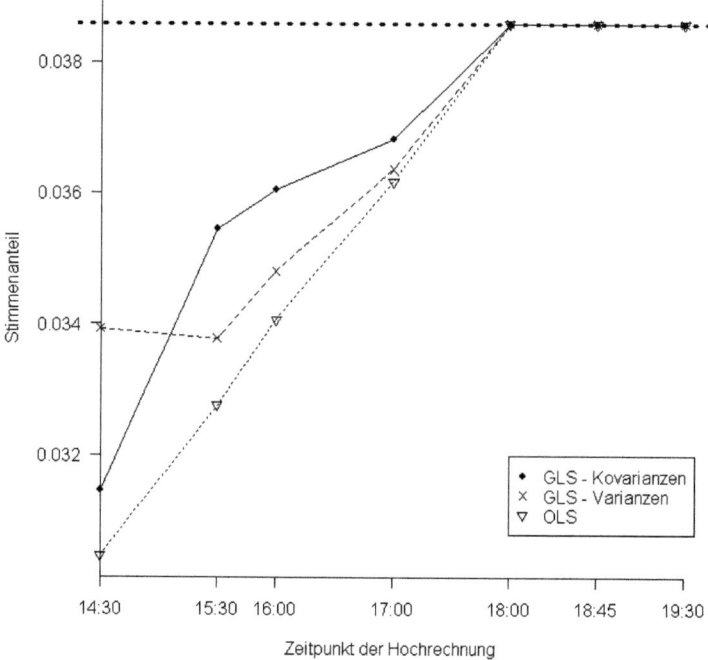

Abbildung 21: Wahlhochrechnung für die FPÖ im Burgenland.

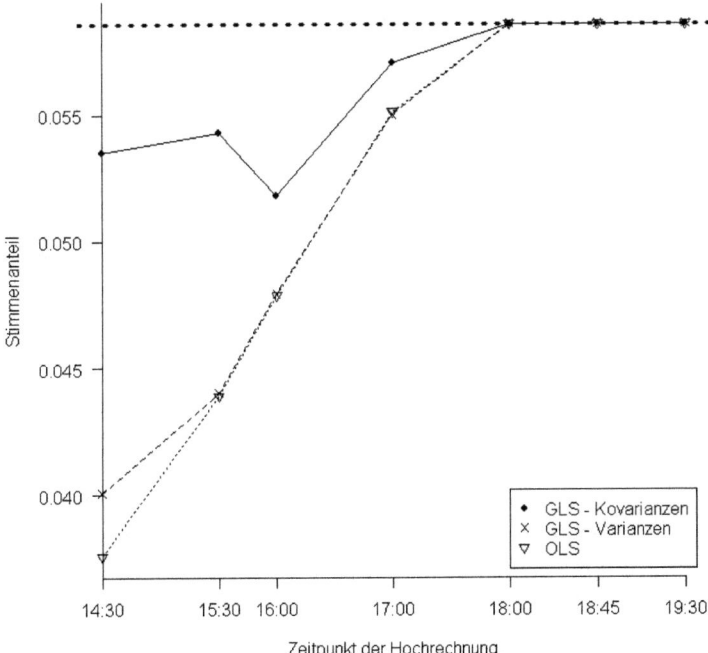

Abbildung 22: Wahlhochrechnung für die Grünen im Burgenland.

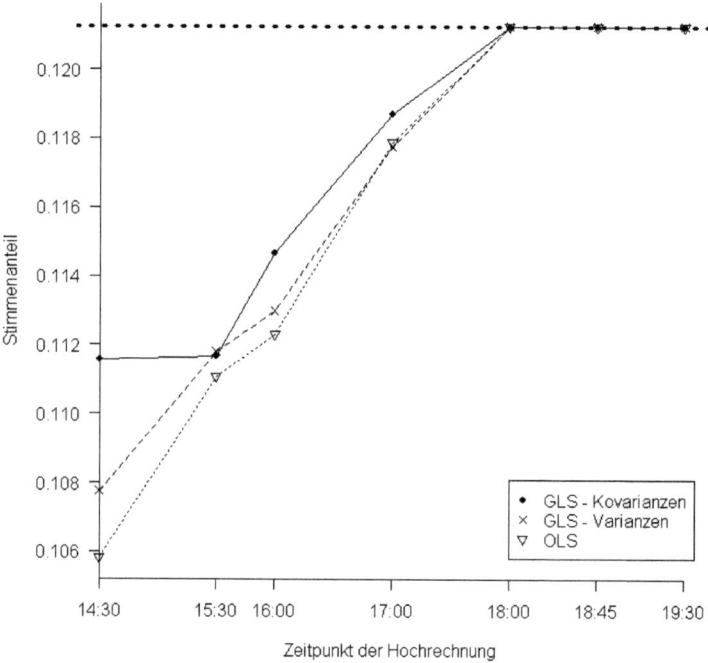

Abbildung 23: Wahlhochrechnung für die Liste Martin im Burgenland.

Die Wahlhochrechnung im Burgenland (Abbildung 19 bis Abbildung 23) liefert ein ziemlich homogenes Bild. Der Schätzer des aktuellen Modelles ist deutlich sichtbar besser als die beiden Vergleichsschätzer „GLS-Varianzen" und „OLS", wobei zwischen den letzten beiden immer ein ziemlicher „Paarlauf" beobachtbar ist und es hier jeweils Vorteile für die Version mit den heterogenen Varianzen gibt.

4.3.2.2 Kärnten

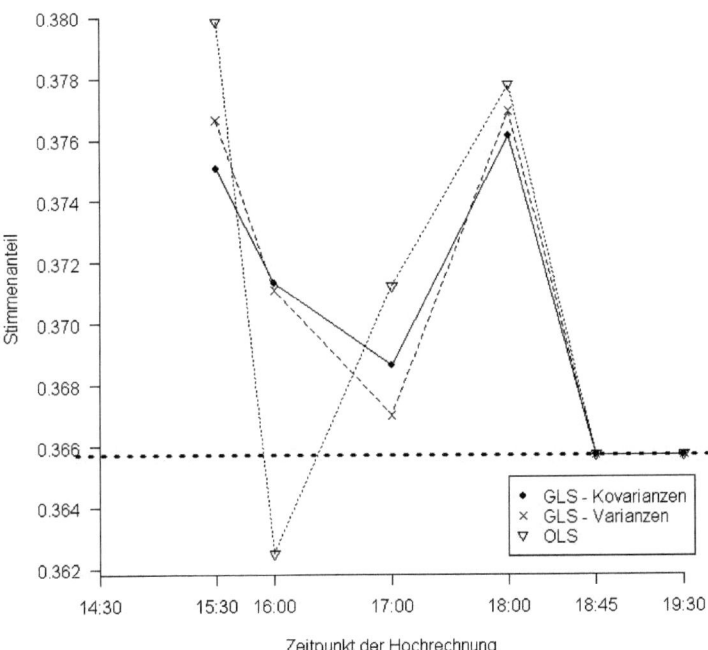

Abbildung 24: Wahlhochrechnung für die SPÖ in Kärnten.

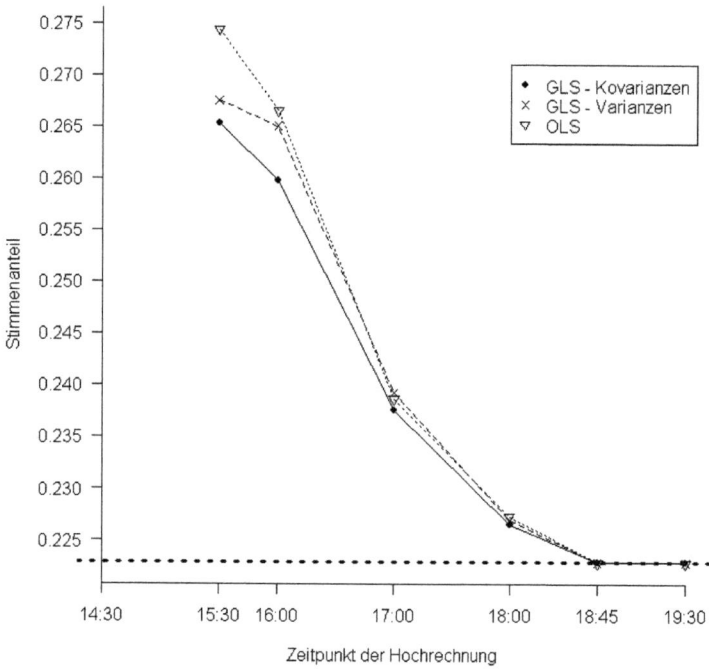

Abbildung 25: Wahlhochrechnung für die ÖVP in Kärnten.

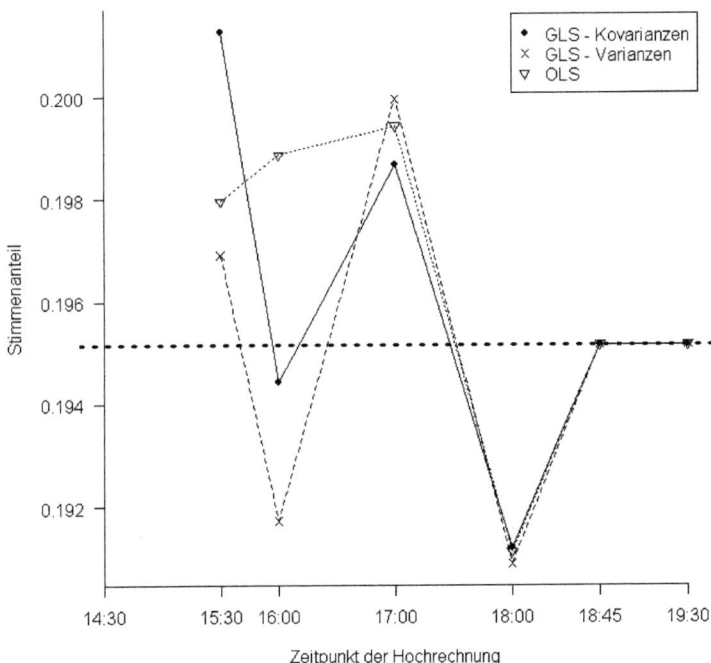

Abbildung 26: Wahlhochrechnung für die FPÖ in Kärnten.

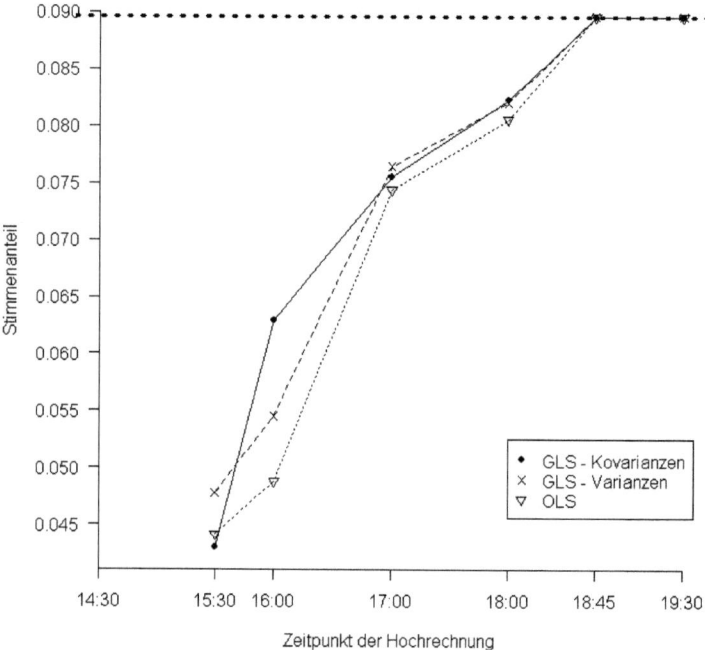

Abbildung 27: Wahlhochrechnung für die Grünen in Kärnten.

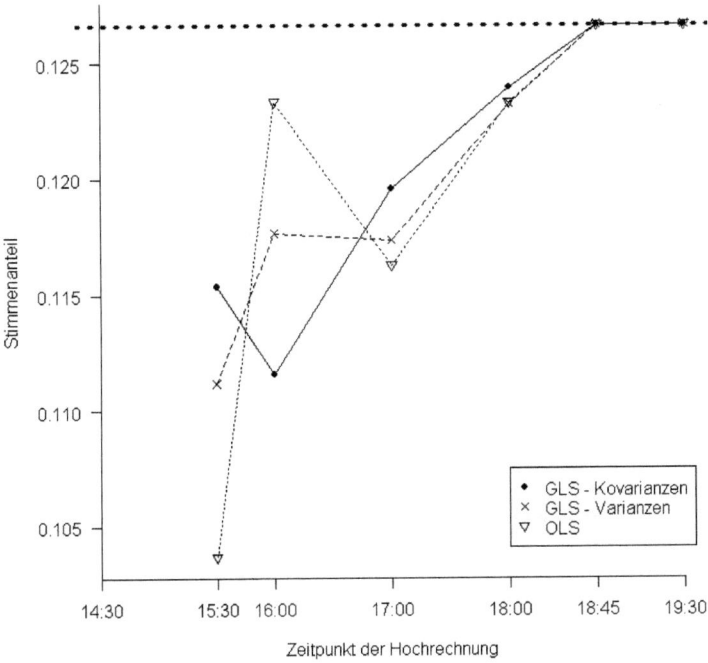

Abbildung 28: Wahlhochrechnung für die Liste Martin in Kärnten.

Die Abbildung 24 bis Abbildung 28, die die Kärntner Hochrechnung zeigen, liefern nicht mehr so eindeutige Bilder wie im Burgenland. Obwohl bis zur 17h-Hochrechnung erst 26% der Stimmen ausgezählt sind, werden SPÖ und FPÖ schon recht gut geschätzt, wobei hier keine Überlegenheit von einem der Schätzer festzustellen ist. Interessant ist hier, dass die 18h-Hochrechnung, bei der bereits deutlich mehr Stimmen ausgezählt sind (64%), nicht besser ist. Dies ist wohl dem Zufallseffekt zuzuschreiben, ob ausgewählte Gemeinden dem jeweiligen Partei-

Endergenis ähnlicher oder unähnlicher sind. Lediglich bei der ÖVP-Hochrechnung zeigt sich ein ähnliches Bild wie für das Burgenland.

4.3.2.3 Niederösterreich

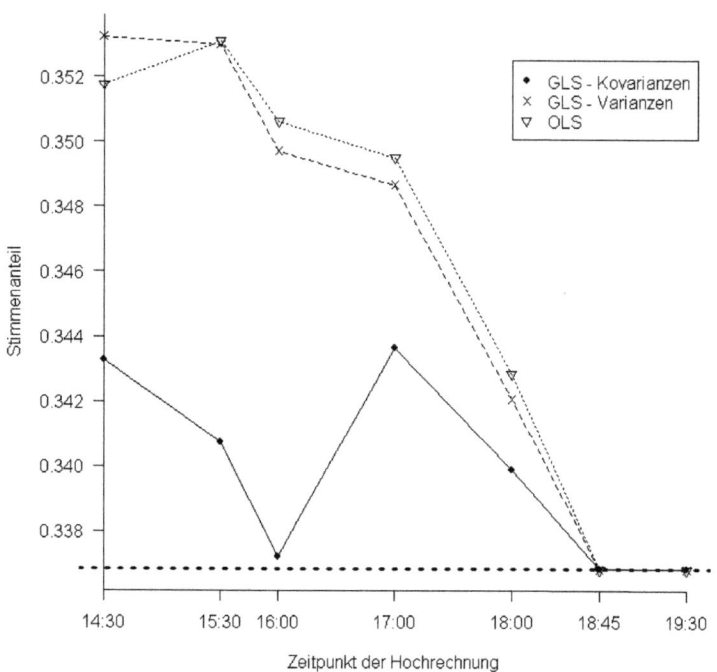

Abbildung 29: Wahlhochrechnung für die SPÖ in Niederösterreich.

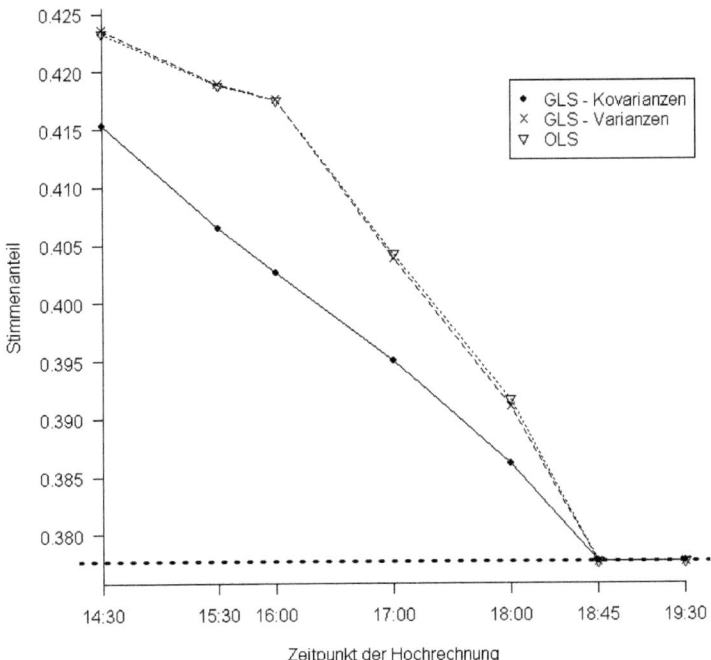

Abbildung 30: Wahlhochrechnung für die ÖVP in Niederösterreich.

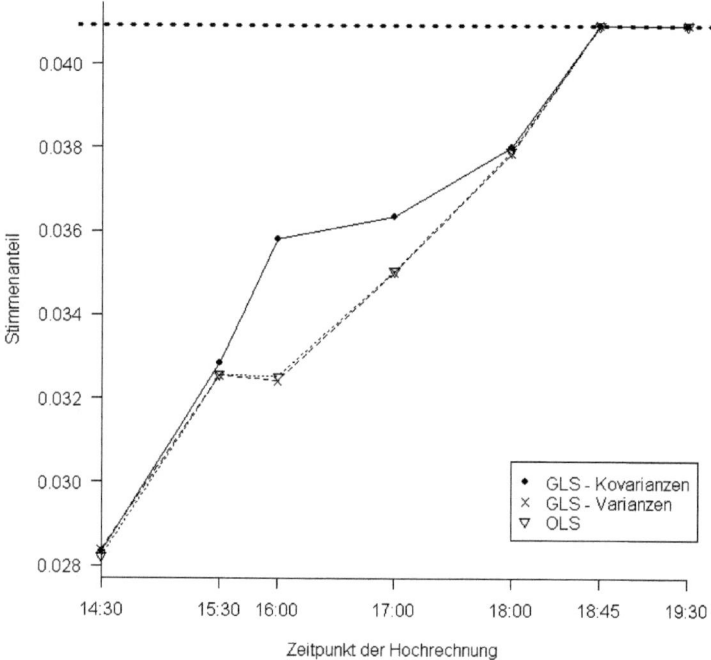

Abbildung 31: Wahlhochrechnung für die FPÖ in Niederösterreich.

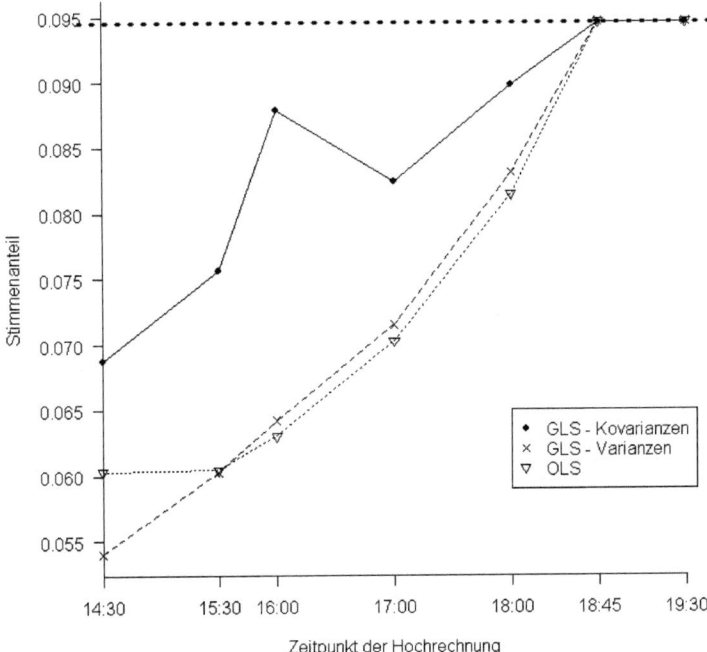

Abbildung 32: Wahlhochrechnung für die Grünen in Niederösterreich.

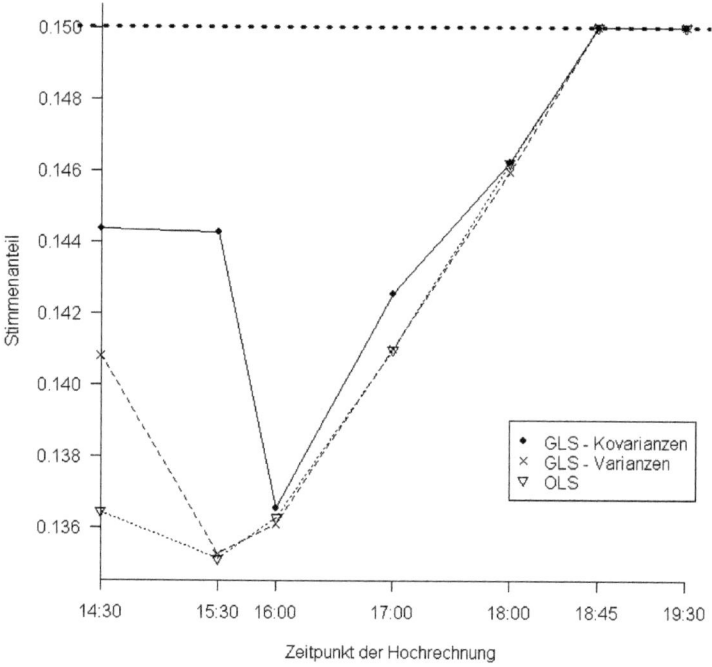

Abbildung 33: Wahlhochrechnung für die Liste Martin in Niederösterreich.

Der ziemlich parallele Verlauf der beiden einfacheren Modelle ist auch in Niederösterreich (Abbildung 29 bis Abbildung 33) wieder sichtbar. In der überwiegenden Anzahl der Fälle ist der GLS-Schätzer – vom Aspekt der Modellierung nicht verwunderlich – der knapp bessere. Der Schätzer des Multinomialmodelles ist oft deutlich besser, fällt aber auch dadurch auf, dass er sich von der Charakteristik der beiden anderen Kurven unterscheidet.

4.3.2.4 Oberösterreich

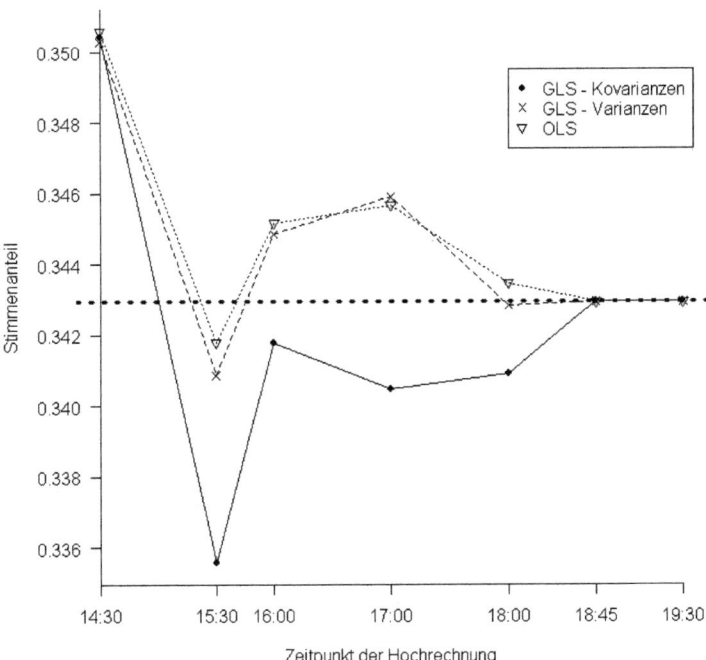

Abbildung 34: Wahlhochrechnung für die SPÖ in Oberösterreich.

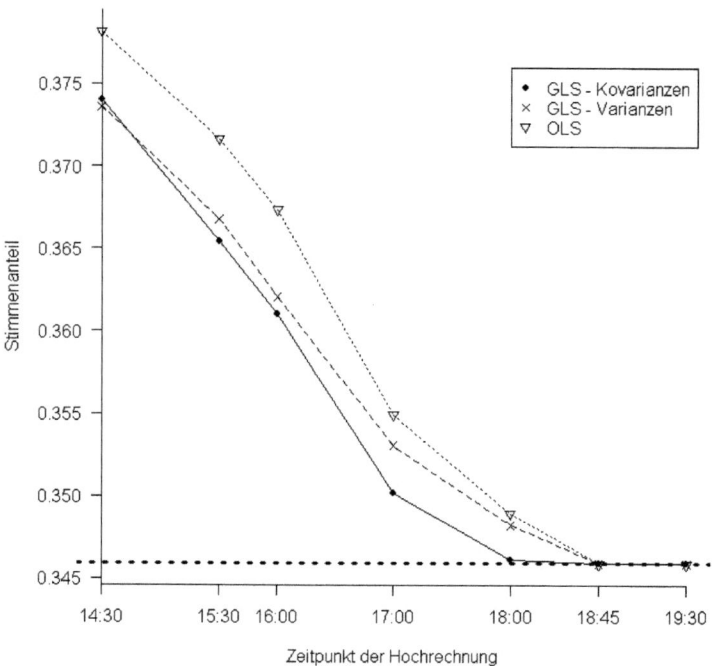

Abbildung 35: Wahlhochrechnung für die ÖVP in Oberösterreich.

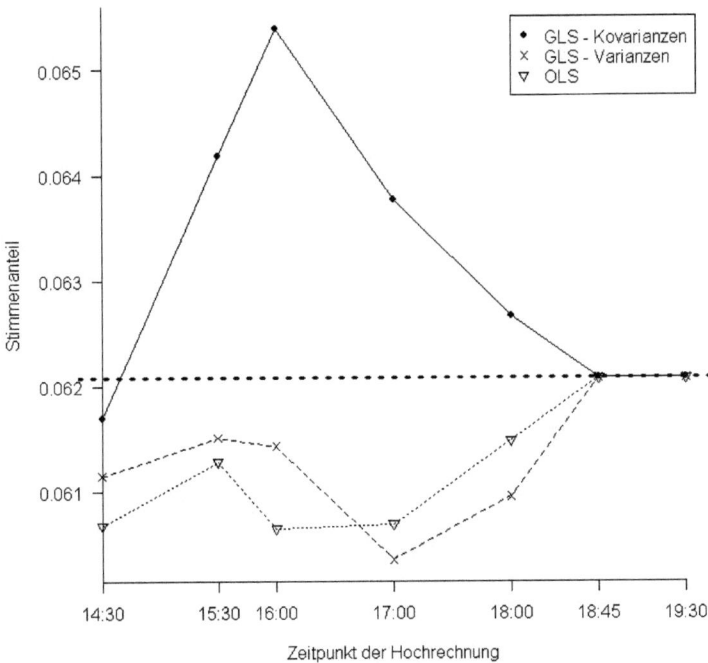

Abbildung 36: Wahlhochrechnung für die FPÖ in Oberösterreich.

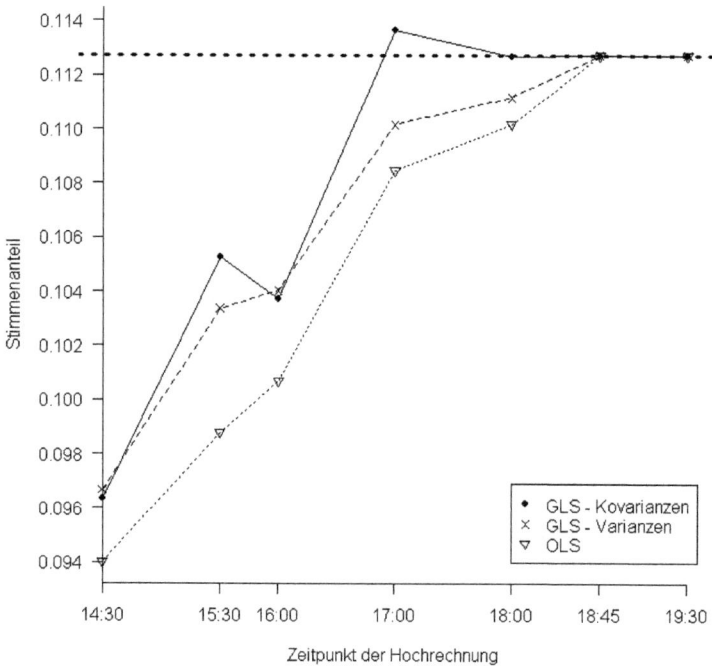

Abbildung 37: Wahlhochrechnung für die Grünen in Oberösterreich.

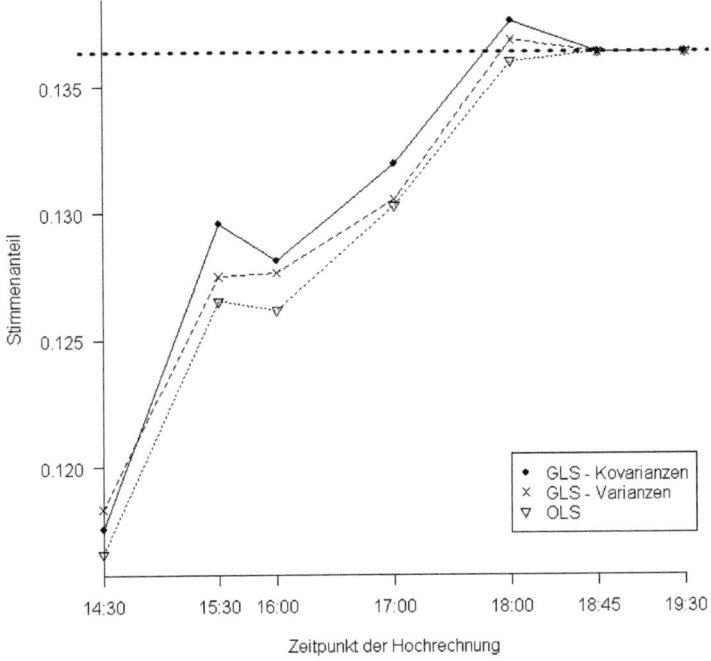

Abbildung 38: Wahlhochrechnung für die Liste Martin in Oberösterreich.

Im Fall der oberösterreichischen Hochrechnung, die in Abbildung 34 bis Abbildung 38 dargestellt ist, wird nun erstmals eine gewisse Beliebigkeit bei der Schätzung mit dem aktuellen Modell sichtbar. Bei SPÖ und besonders bei der FPÖ zeigt sich eine (bezogen auf die anderen Schätzer) größere Schwankung und im zweiten Fall ein grundlegend anderer Verlauf. Jedoch sind die Unterschiede bei Berücksichtigung der Skala nicht so gravierend. Bei den anderen Parteien zeigen sich wiederholt Verläufe wie beispielsweise im Burgenland und in Niederösterreich.

4.3.2.5 Salzburg

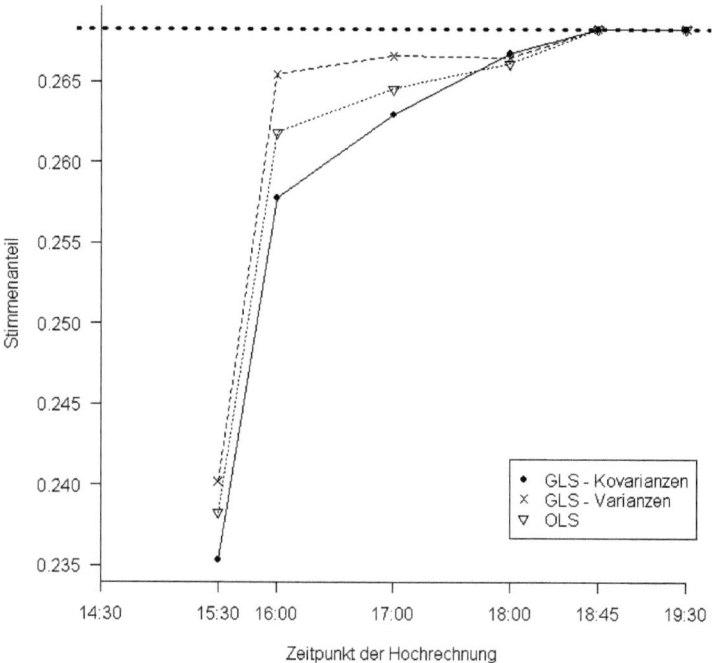

Abbildung 39: Wahlhochrechnung für die SPÖ in Salzburg.

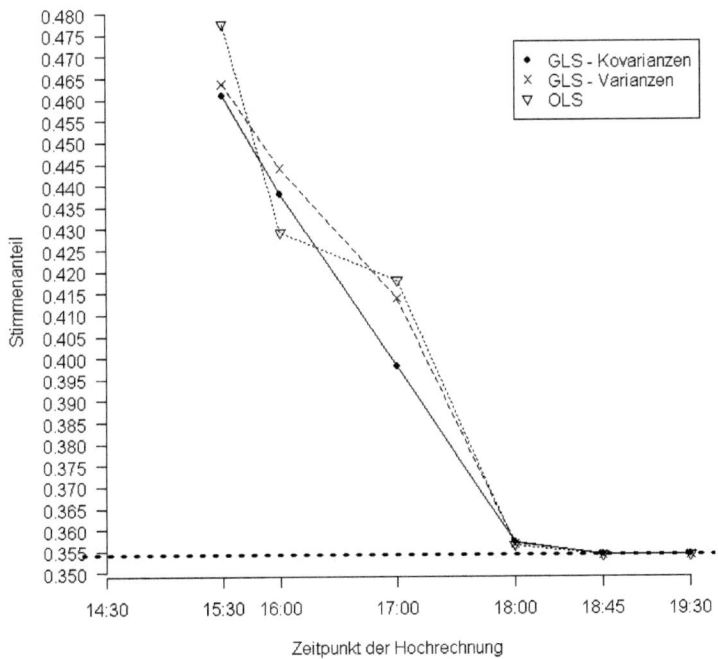

Abbildung 40: Wahlhochrechnung für die ÖVP in Salzburg.

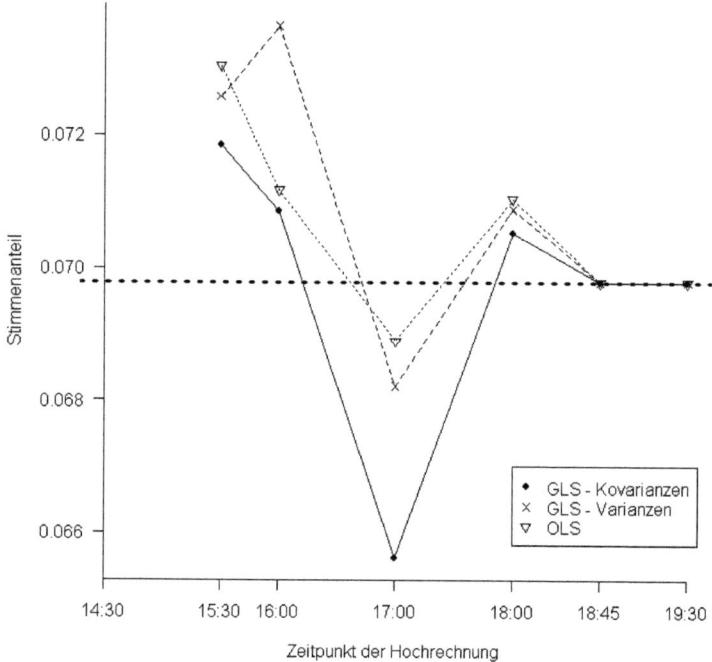

Abbildung 41: Wahlhochrechnung für die FPÖ in Salzburg.

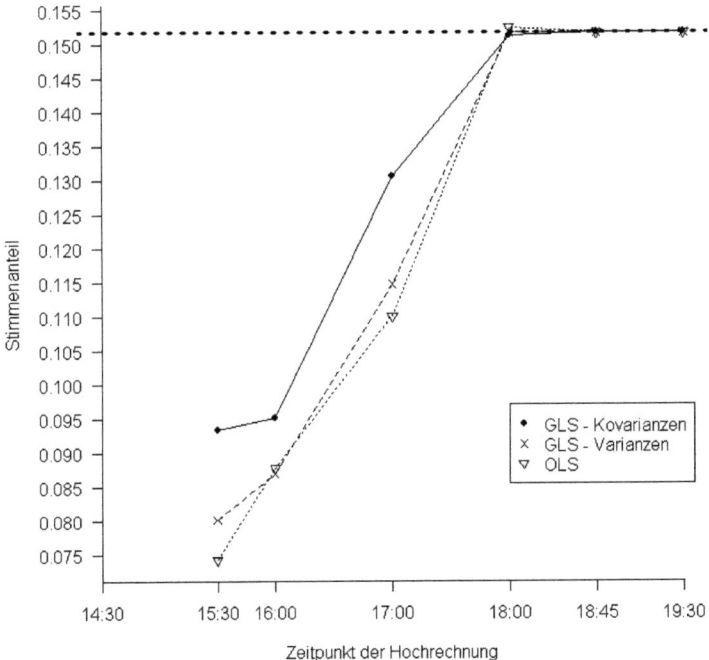

Abbildung 42: Wahlhochrechnung für die Grünen in Salzburg.

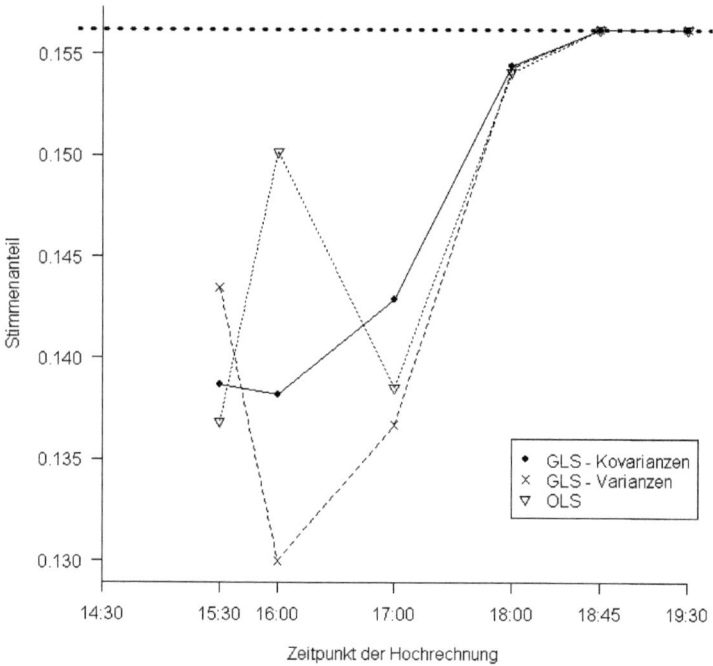

Abbildung 43: Wahlhochrechnung für die Liste Martin in Salzburg.

In Salzburg (Abbildung 39 bis Abbildung 43) zeigt sich erstmals bei der SPÖ-Hochrechnung trotz eines parallelen Verlaufes eine Unterlegenheit des „GLS-Kovarianzen"- Schätzers. Nachdem der Zufall immer noch eine große Rolle spielt und der Effekt der Modellverbesserung klein, aber grundsätzlich durchaus vorhanden sein dürfte, ist eine Unterlegenheit in manchen Fällen durchaus im Sinne der statistischen Stichprobentheorie.

Auffallend sind aber auch die sehr schlechten Voraussagen für die ÖVP. Bei einer Abweichung von 11-13% bei der 15:30h-Hochrechnung bzw. immer noch 4-6% um 17h liegt die Frage nahe, ob nicht eine

Hochrechnung durch Schätzung des Anteiles in den ausgezählten Daten besser wäre. Tabelle 18 zeigt daher diese Prozentsätze der zum jeweiligen Zeitpunkt ausgezählten Stimmen.

Tabelle 18: Teilergebnisse der Stimmenauszählung in Salzburg.

	SPÖ	ÖVP	FPÖ	Grüne	Martin	Auszählungsgrad
Ausgezählt um 15:30	22,1%	52,0%	8,3%	5,5%	12,1%	2%
Ausgezählt um 16:00	23,0%	50,1%	7,3%	6,6%	13,0%	4%
Ausgezählt um 17:00	23,0%	46,5%	6,9%	9,3%	14,2%	12%
Endergebnis	26,8%	35,4%	7,0%	15,2%	15,6%	100%

Wie man hier sehen kann, ist die Hochrechnung durch die Regressionsmodell immer noch deutlich besser. Bei Schwärzler (2000) kann man sehen, dass nur in seltenen Fällen die Auszählung des aktuellen Prozentsatzes eine gleiche oder sogar bessere Voraussage bietet. Im vorliegenden Fall ist die Stichprobe eben sehr untypisch für das Endergebnis. Durch die schnellere Auszählung der ländlichen Gebiete und dem Zusammenhang zwischen Stadt-Land und Parteientscheidung sind solche Effekte öfter zu erwarten.

Die generelle Tendenz, dass sich die Schätzungen für das ÖVP-Ergebnis jeweils ausschließlich von oben an den Endwert annähern (bzw. bei den Grünen fast ausschließlich von unten) ist aber dadurch nicht zu erklären. Hier muss wohl auch über inhomogenes Wahlwechselverhalten innerhalb der Bundesländer und eine Änderung der Gemeinde-Cluster nachgedacht werden. Ländliche Gemeinden dürften also neben stark unterschiedlichem Wahlverhalten haben große Unterschiede in der Änderung dieses Wahlverhaltens zwischen zwei Wahlen haben.

4.3.2.6 Steiermark

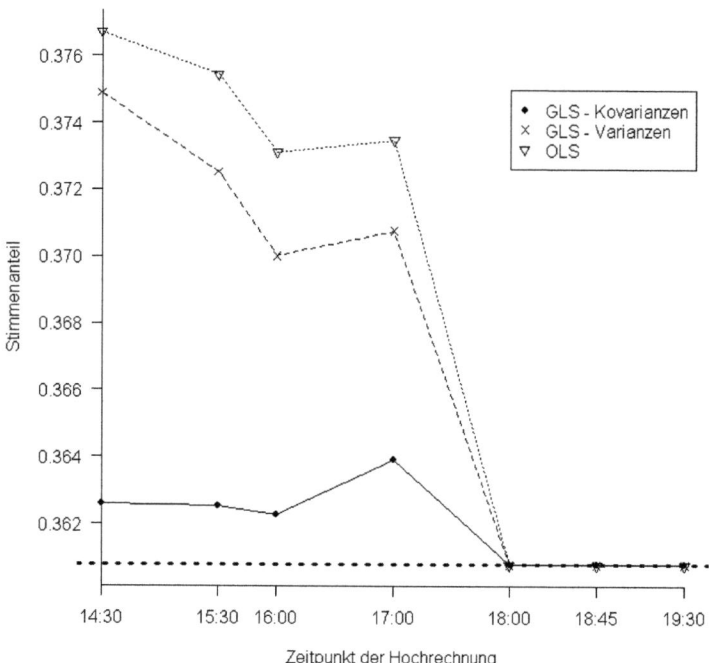

Abbildung 44: Wahlhochrechnung für die SPÖ in der Steiermark.

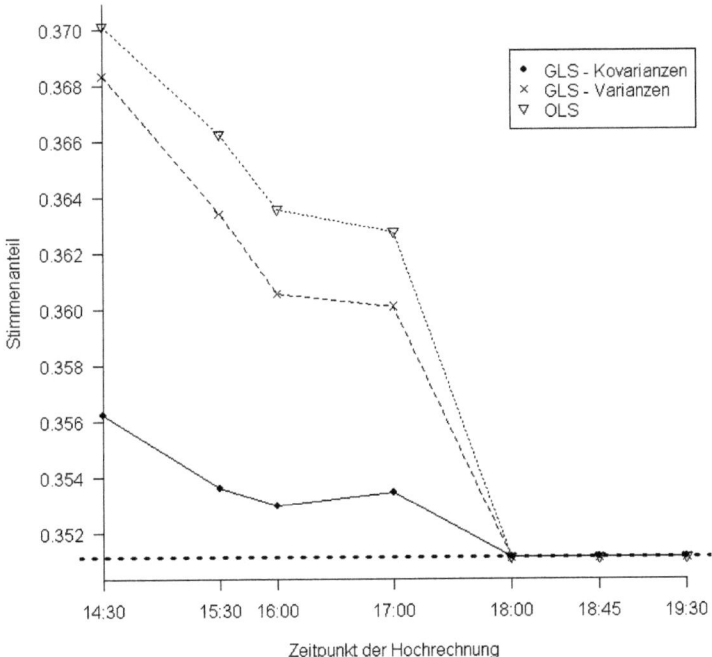

Abbildung 45: Wahlhochrechnung für die ÖVP in der Steiermark.

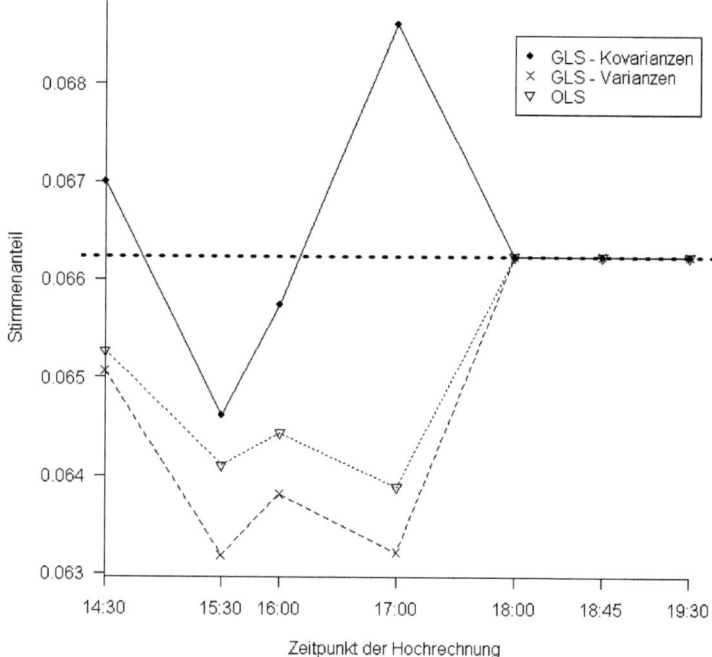

Abbildung 46: Wahlhochrechnung für die FPÖ in der Steiermark.

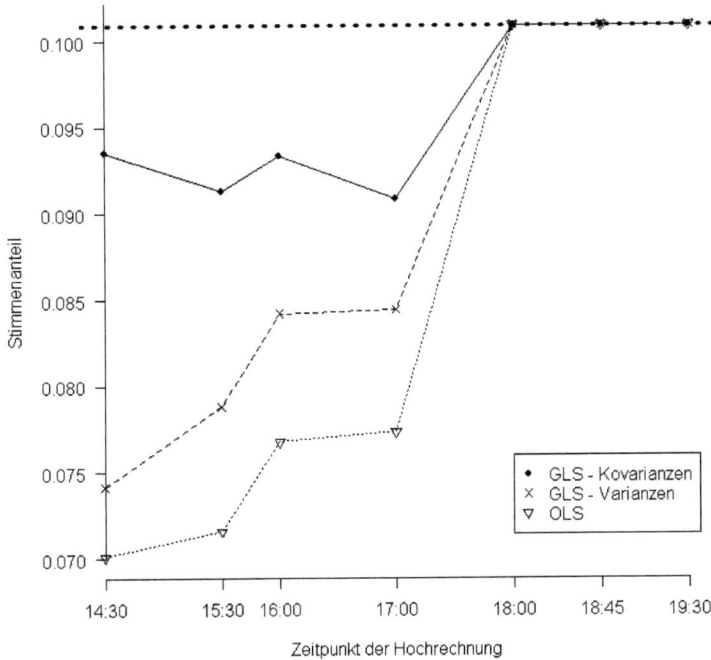

Abbildung 47: Wahlhochrechnung für die Grünen in der Steiermark.

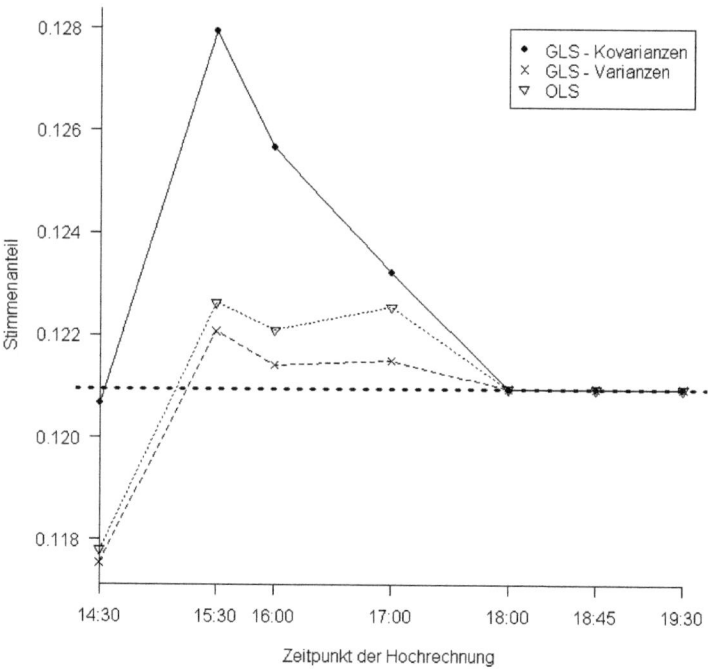

Abbildung 48: Wahlhochrechnung für die Liste Martin in der Steiermark.

Bis auf die Liste Martin gelten auch in der steirischen Hochrechnung (Abbildung 44 bis Abbildung 48) die selben Aussagen wie bisher. Die Modellerweiterung schlägt sich dort überall in einer verbesserten Schätzung nieder. Bei der Liste Martin führen die jeweils vorhandenen Daten bis zum Endergebnis dazu, dass derselbe Schätzer jeweils deutlich zu höheren Werten als die beiden Vergleichsschätzer führt und damit schlechter liegt.

4.3.2.7 Tirol

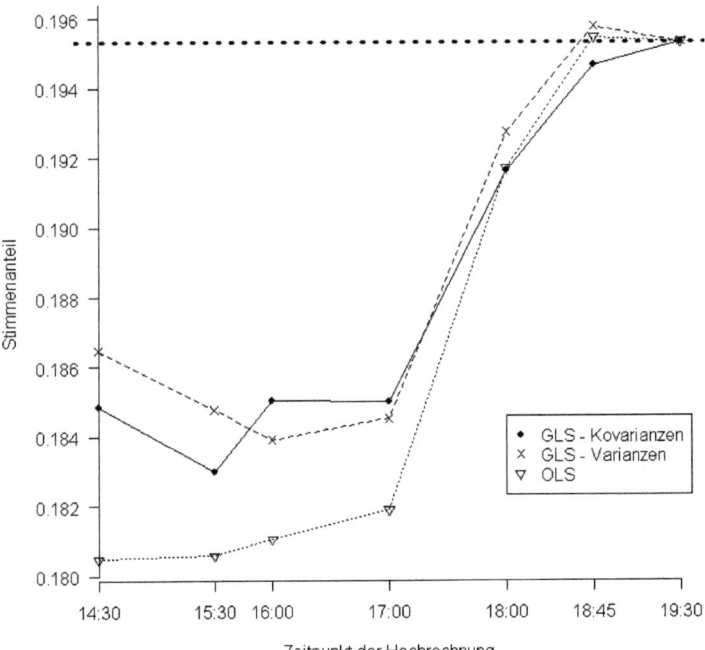

Abbildung 49: Wahlhochrechnung für die SPÖ in Tirol.

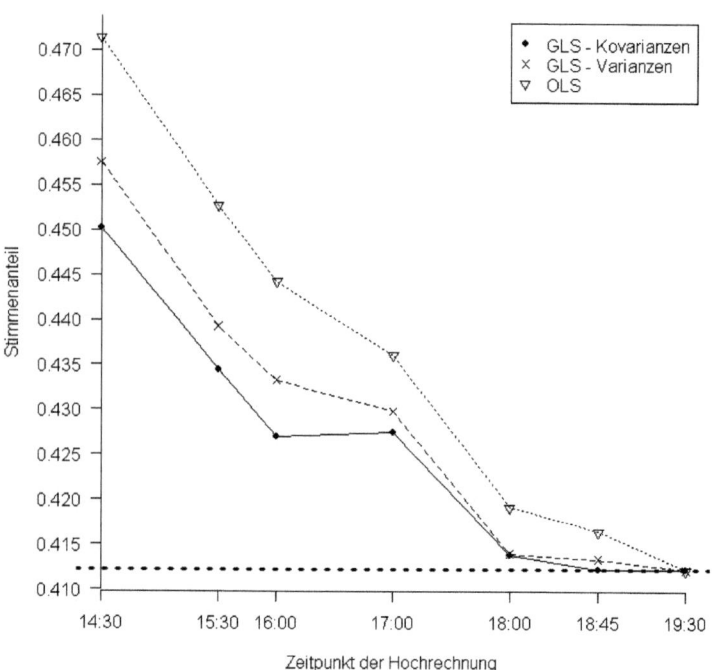

Abbildung 50: Wahlhochrechnung für die ÖVP in Tirol.

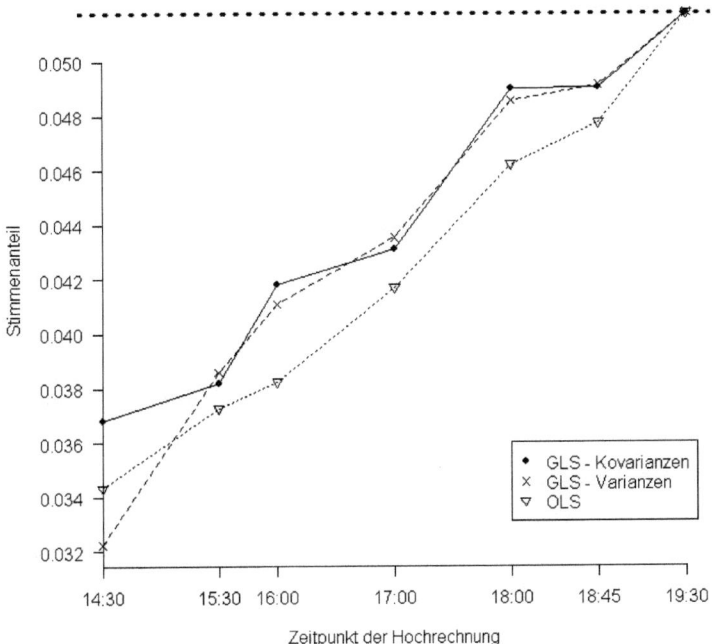

Abbildung 51: Wahlhochrechnung für die FPÖ in Tirol.

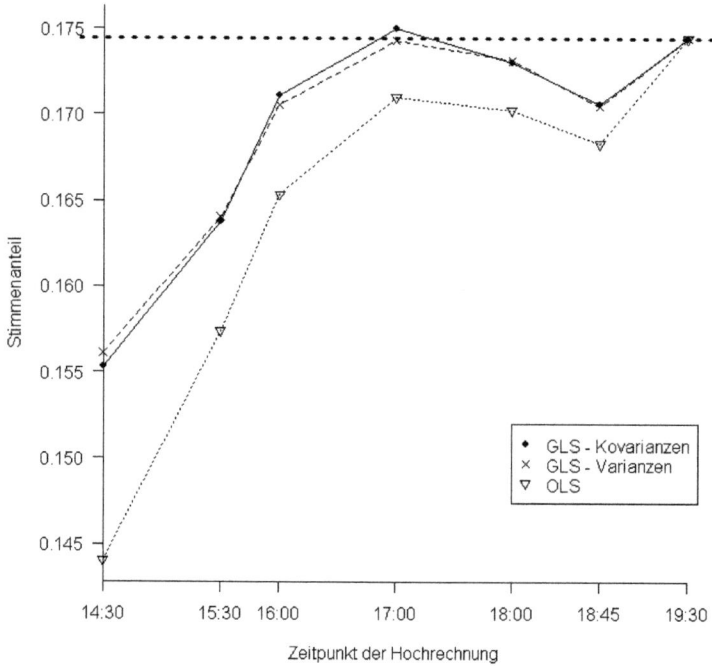

Abbildung 52: Wahlhochrechnung für die Grünen in Tirol.

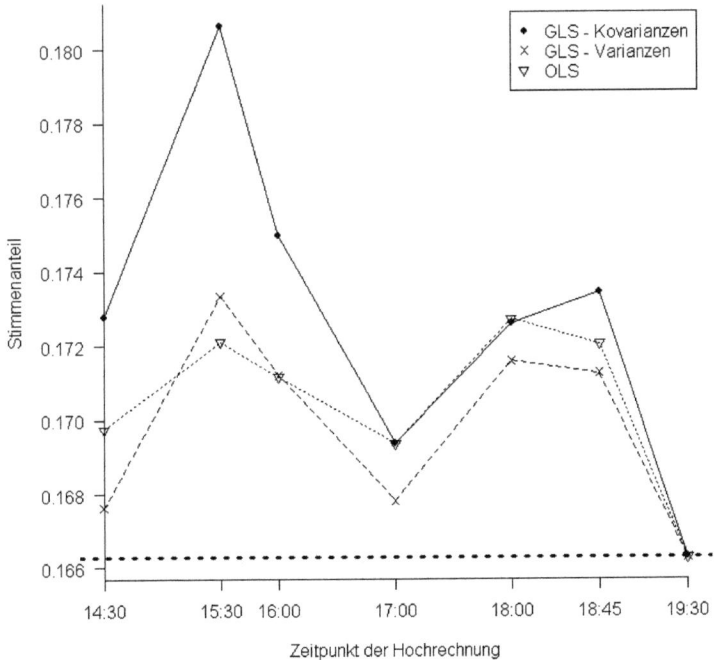

Abbildung 53: Wahlhochrechnung für die Liste Martin in Tirol.

Beim Bundesland Tirol (Abbildung 49 bis Abbildung 53) sind die beiden GLS-Schätzer oft ziemlich ähnlich und abwechselnd besser oder schlechter. Die OLS-Schätzung kann nur bei der Liste Martin und im späteren Verlauf bei der SPÖ mithalten.

4.3.2.8 Vorarlberg

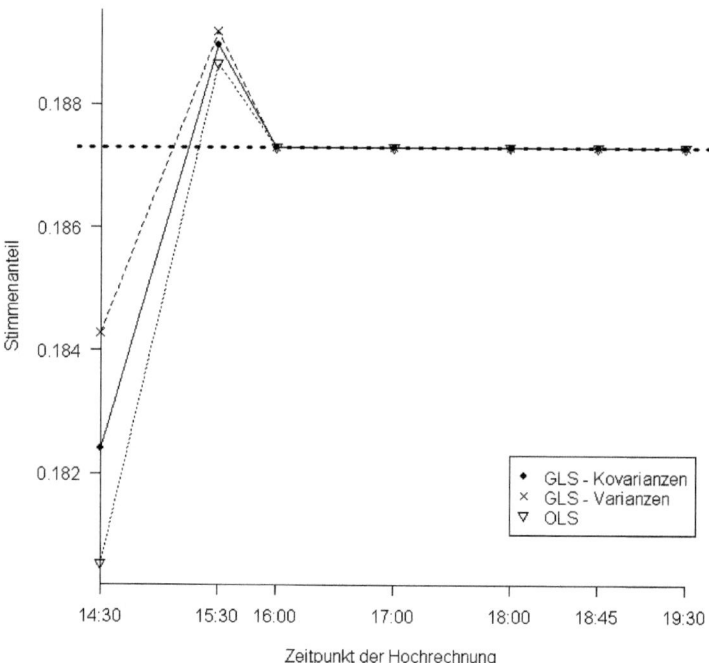

Abbildung 54: Wahlhochrechnung für die SPÖ in Vorarlberg.

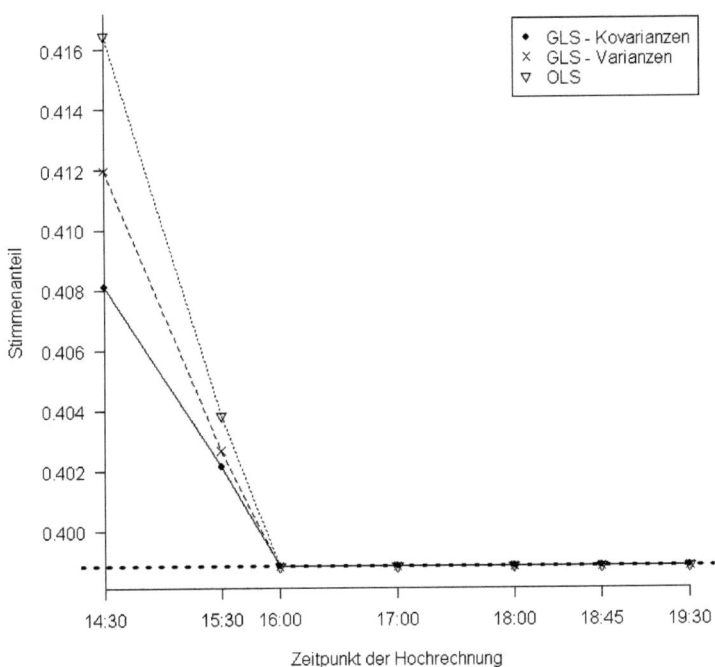

Abbildung 55: Wahlhochrechnung für die ÖVP in Vorarlberg.

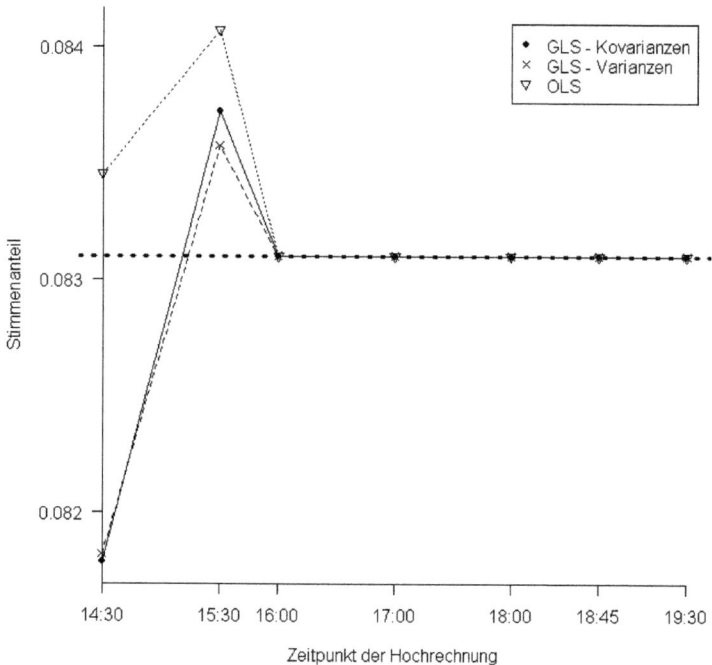

Abbildung 56: Wahlhochrechnung für die FPÖ in Vorarlberg.

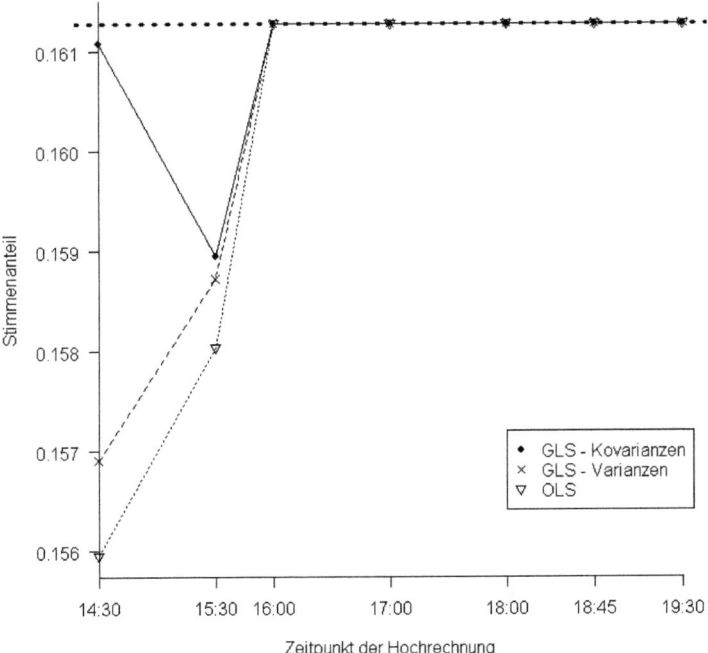

Abbildung 57: Wahlhochrechnung für die Grünen in Vorarlberg.

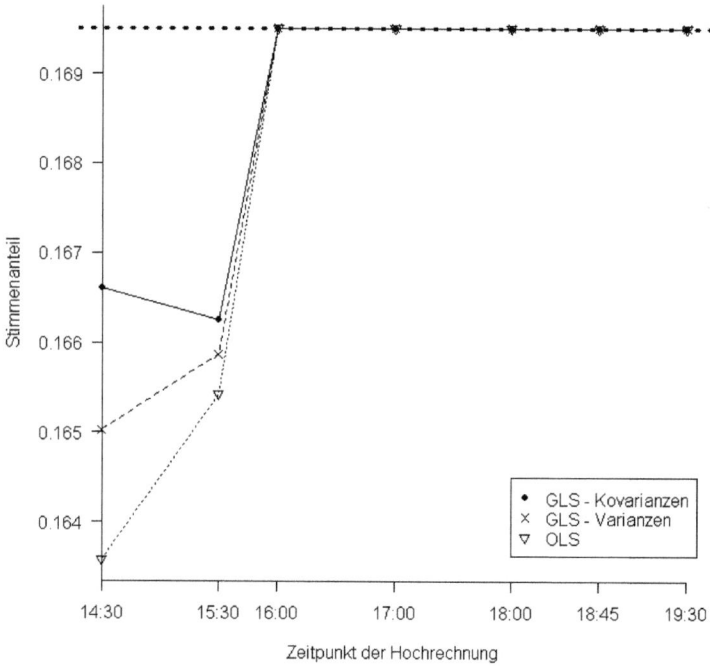

Abbildung 58: Wahlhochrechnung für die Liste Martin in Vorarlberg.

Die Hochrechnungsdaten für Vorarlberg (Abbildung 54 bis Abbildung 58) sind nur zu zwei Zeitpunkten aufgenommen, da ab 16h schon alle Gemeinden ausgezählt sind. Auch um 15.30h sind bis auf die zwei größeren Gemeinden Feldkirch und Hohenems auch schon alle Stimmen gezählt.

Die groben Tendenzen bleiben in etwa gleich. Bei der SPÖ ist die OLS-Schätzung diesmal die beste, bei der FPÖ ist die Schätzung „GLS-Kovarianzen" knapp hinter der anderen GLS-Schätzung zweite. Für die restlichen drei Parteien ist die Reihenfolge und die Ähnlichkeit des

Verlaufes wie auch schon in vielen der vorhergehenden Grafiken. Bei den Grünen ist die 14:30h Hochrechnung mit dem „GLS-Kovarianzen"-Schätzer zufällig recht gut gelungen.

4.3.2.9 Wien

Die Hochrechnung für Wien besteht nur zu einem Zeitpunkt und hier nur aus elf Bezirken und wird daher für diesen Zeitpunkt nur für die Gesamthochrechnung verwendet.

4.3.2.10 Wahlhochrechnung Österreich

Wie schon oben beschrieben, wird nur als weiterer Vergleichsschätzer ein weiterer OLS-Schätzer mit denselben Parameterrestriktionen, wie die anderen Schätzer verwendet, der aber die Gemeinden so wie von den Leitern des SORA-Institutes Hofinger und Ogris (2002) vorgeschlagen clustert. Die Autoren teilen die Gemeinden, sortiert nach der relativen SPÖ-Stärke bei der Nationalratswahl 1999 in fünf gleichgroße Gruppen. Der Schätzer, der im folgenden als „OLS-SORA" bezeichnet wird, hat seine Bezeichnung also nur aufgrund der Clustereinteilung, die in besagten Artikel vorgeschlagen wurde. Das Verfahren, dass SORA verwendet unterscheidet sich in mindestens zwei Punkten von dieser Schätzung. Erstens wird nur der unrestringierten OLS-Schätzer verwendet und zweitens kann bei den Fernsehhochrechnungen auf die Wiener Sprengelergebnisse zurückgegriffen werden[6]. Es wird also festgehalten, dass alle Schätzer für die gesamtösterreichische Hochrechnung auf <u>dieselbe Information</u> zurückgreifen und <u>dieselben Parameterrestriktionen</u> haben. Die Wien-Ergebnisse vor 18:45h werden für die bisherigen

---

[6] Interview mit Eva Zeglovits (SORA-Institut) am 19. Februar 2004

Schätzer hauptsächlich aufgrund der niederösterreichischen und der burgenländischen Wählerübergänge geschätzt, während beim „OLS-SORA"-Schätzer die unterschiedlichen Wiener Gemeinden durch jeweils Gebiete mit ähnlichen SP-Anteilen bei der Nationalratswahl 1999 und geschätzt werden.

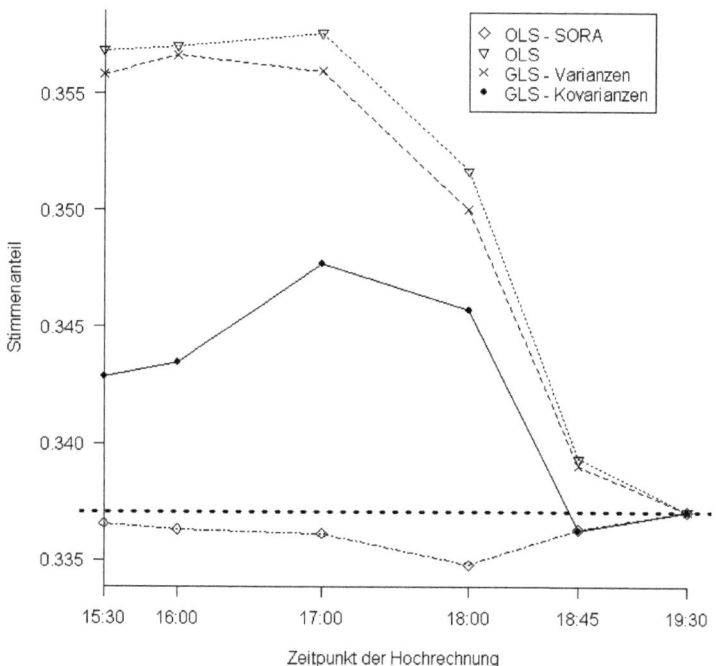

Abbildung 59: Wahlhochrechnung für die SPÖ in Österreich (mit Wien).

Abbildung 59 zeigt, dass sich der Schätzer mit dem SORA-Clustering hier deutlich als überlegen erweist. Insbesondere der Vergleich der beiden OLS-Schätzer, der sich ja nur durch die gewählte Clustereinteilung unterscheidet, zeigt, welches Potential in einer guten Clustereinteilung liegt. Die Benachteiligung durch ein falsches statistisches Modell im Sinne der Nichtberücksichtigung der Varianzinhomogenität und der Korrelationen scheint hier viel schwächer zu wiegen als die geänderte Clustereinteilung. Da ab 18:45h alle Schätzer ziemlich ähnlich sind, liegt der Verdacht jedoch nahe, dass der Grund für die Überlegenheit des Schätzers mit dem SORA-Clustering darin liegen könnte, dass für Wien bessere Vergleichsgebiete gefunden werden konnten. Um das festzustellen, wurde ein Hochrechnungsvergleich gemacht, der das Bundesland Wien einfach aus den Daten herauslöscht und so tut, als würde Österreich nur aus den restlichen acht Bundesländern, in denen ab 15:30h überall eine Hochrechnung mit bundeslandeigenen Daten durchgeführt werden kann, bestehen. Abbildung 60 zeigt die Ergebnisse.

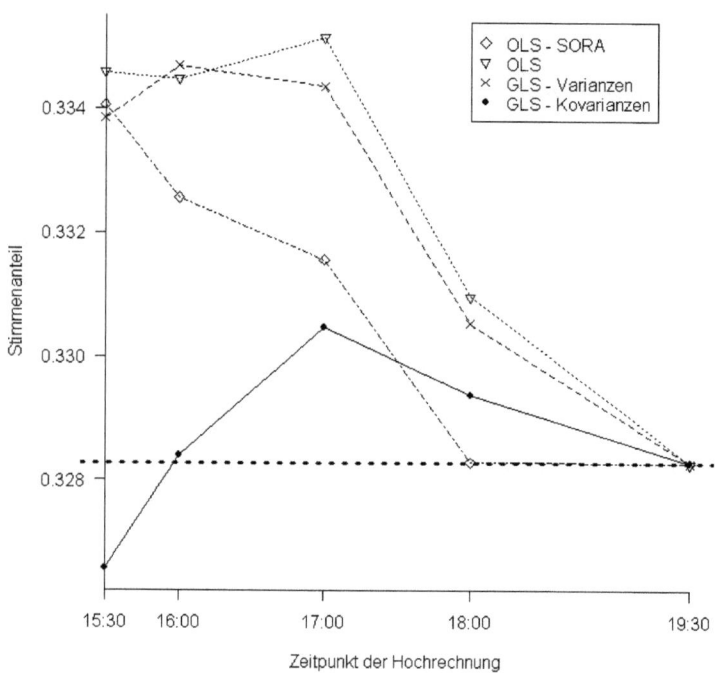

Abbildung 60: Wahlhochrechnung für die SPÖ in Österreich (ohne Wien).

Hier sieht man deutlich, dass die Überlegenheit des Schätzers stark relativiert werden muss. Zwar wird das Wahlergebnis von diesem neuen Schätzer um 18h zufällig genau getroffen, davor hält sich der Schätzer aber zwischen den beiden vormals schwächeren Schätzern und dem modifizierten „GLS-Kovarianzen"-Schätzer auf.

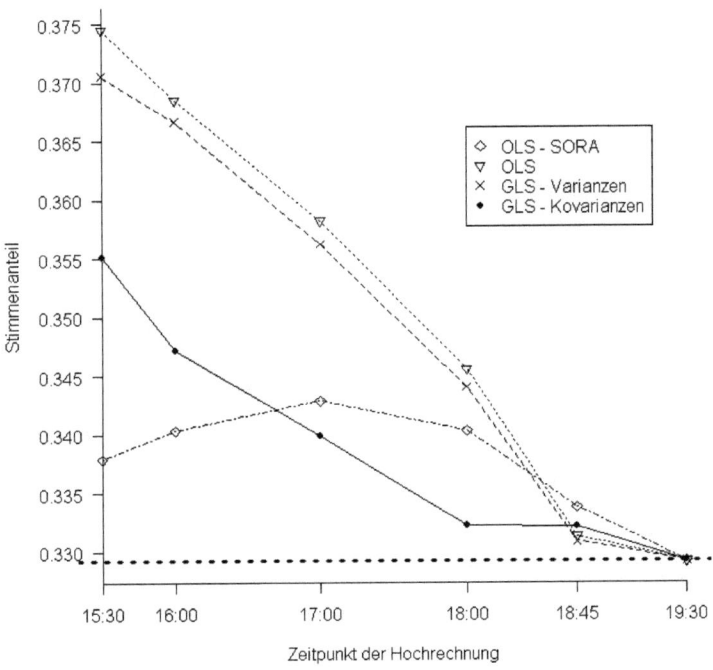

Abbildung 61: Wahlhochrechnung für die ÖVP in Österreich (mit Wien).

Das Bild der 3 Schätzer mit den Bundesländercluster ist in Abbildung 61 mehr oder weniger eine gewichtete Summe dessen, was in den Bundesländerergebnissen schon sichtbar war, nämlich der „Paarlauf" der beiden Schätzer, die keine Kovarianzen berücksichtigen, mit Nachteilen für den OLS-Schätzer. Der Schätzer, der das aktuelle Modell berücksichtigt, ist hier (zumindest bis 18h) der beste der drei. Der „OLS-SORA"-Schätzer hält sich wieder besonders am Anfang erstaunlich gut. Auffallend ist hier vor allem, das dieser erstmals eine andere Charakteristik hat als die sonstigen ÖVP-Schätzer. Die Abwärtsbewegung kommt nämlich erst nach einer anfänglichen Aufwärtsbewegung. Bei den bisherigen ÖVP-Schätzern (in den Bundesländern) geht es beinahe ausschließlich strikt abwärts.

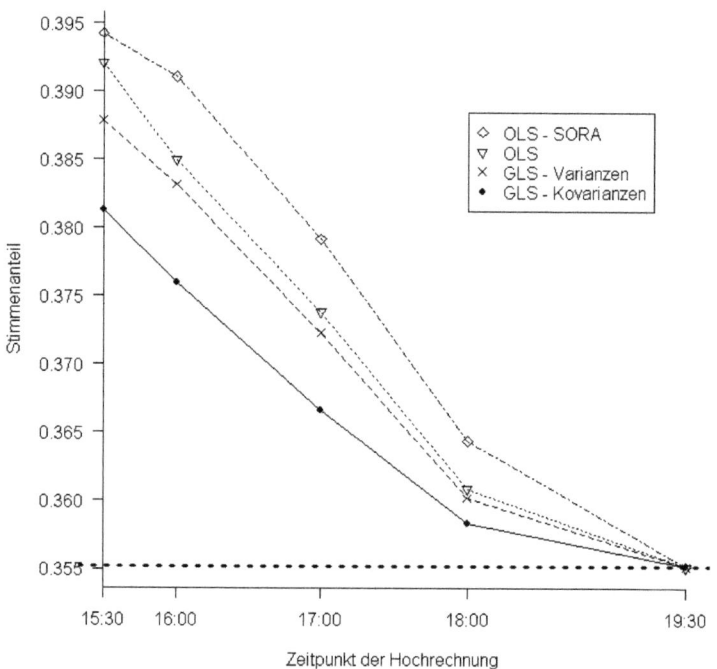

Abbildung 62: Wahlhochrechnung für die ÖVP in Österreich (ohne Wien).

Auch Abbildung 62 zeigt, dass sich die Voraussagegüte drastisch relativiert, wenn wirklich die Güte des Regressionsmodelles analysiert wird. Dieses Bild zeigt lehrbuchhaft, wie die Reihenfolge der Schätzer theoretisch aussehen müsste. Lediglich über die relative Position der beiden OLS-Schätzer kann a priori keine Aussage gemacht werden.

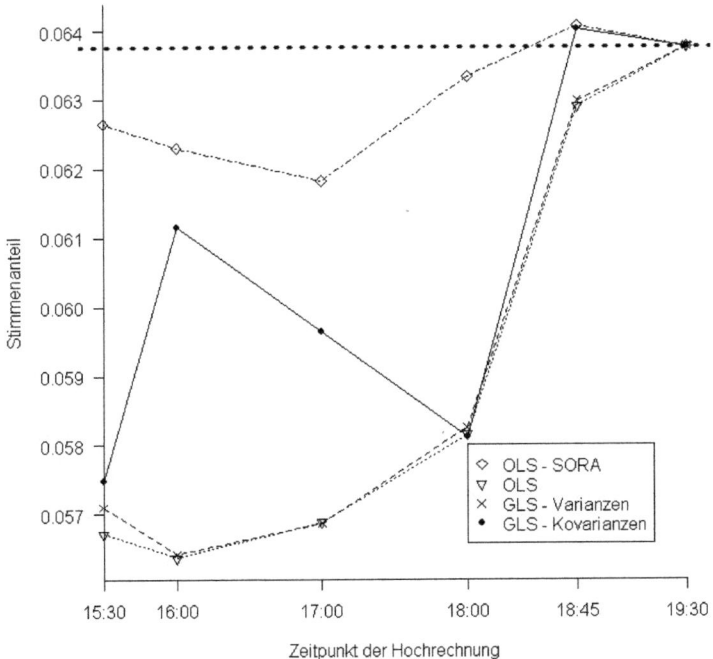

Abbildung 63: Wahlhochrechnung für die FPÖ in Österreich (mit Wien).

Die FPÖ-Hochrechnung (Abbildung 63) zeigt ebenfalls wieder die Überlegenheit der Wiener Hochrechnung im Zusammenhang mit der geänderten Clustereinteilung, insbesondere wenn man sich wieder der Vergleich zu Abbildung 64 ansieht. Auch der wieder ziemlich wilde Charakter des „GLS-Kovarianzen"-Schätzers fällt auf.

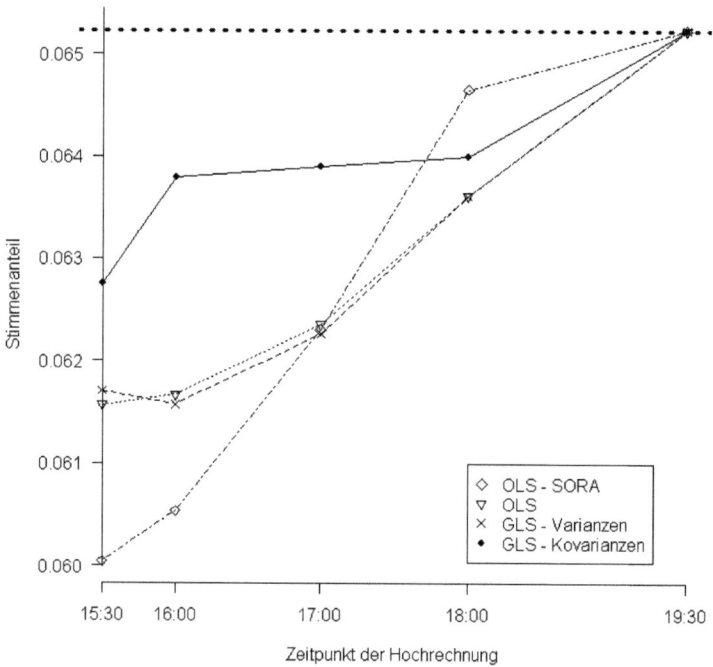

Abbildung 64: Wahlhochrechnung für die FPÖ in Österreich (ohne Wien).

Die Clustermodifizierung mit dem SORA-Schätzer liefert bei der FPÖ-Hochrechnung ohne Wien (Abbildung 64) hier diesmal kein einheitliches Bild. Einem schlechteren Ergebnis im Frühstadium der Hochrechnung steht ein recht gutes Ergebnis um 18h gegenüber. Die Reihenfolge der drei anderen Schätzer bleibt wieder etwa gleich.

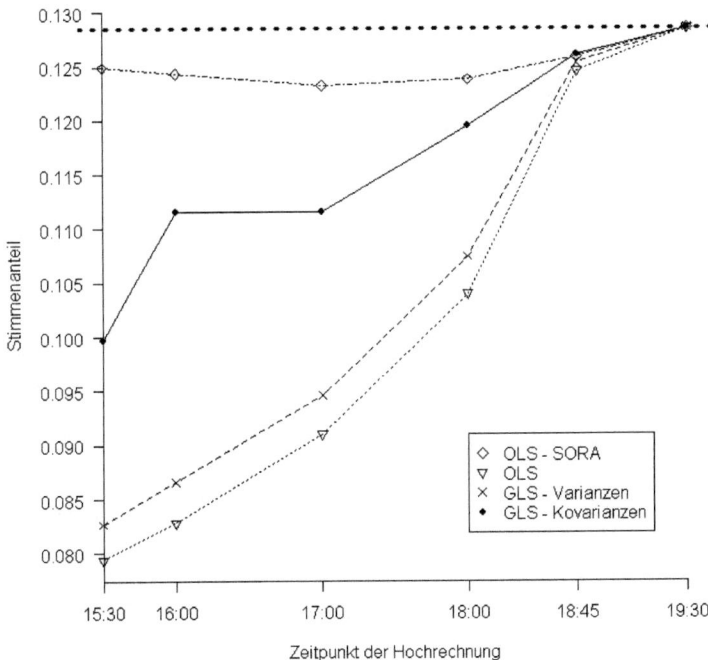

Abbildung 65: Wahlhochrechnung für die Grünen in Österreich (mit Wien).

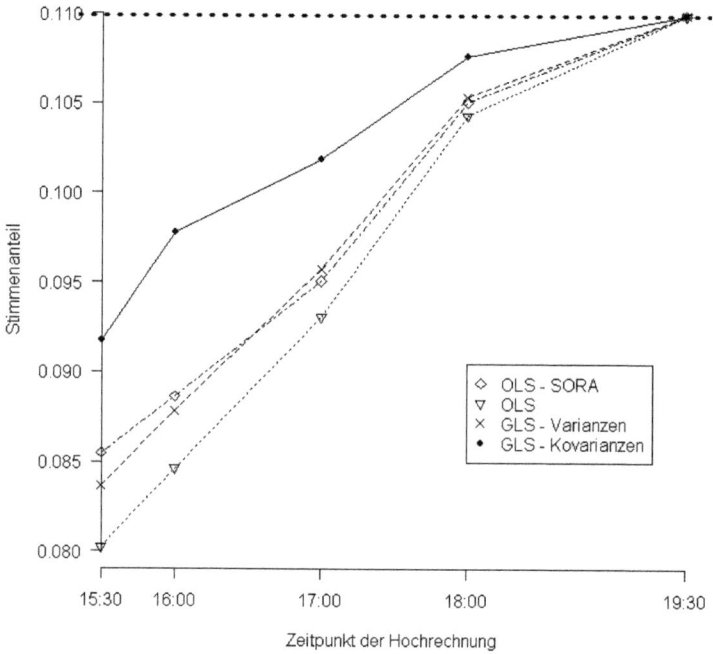

Abbildung 66: Wahlhochrechnung für die Grünen in Österreich (ohne Wien).

Abbildung 65 und Abbildung 66 müssen wieder ähnlich kommentiert werden, wie vorherige Bilder. Die Rangordnung der Schätzer mit den Bundesländerclustern scheint klar entschieden. Der SORA-Schätzer liefert für Wien eine selbst offenbar eine sehr viel bessere Schätzung als die anderen Schätzer, ist aber im „sauberen" Modellvergleich unterlegen.

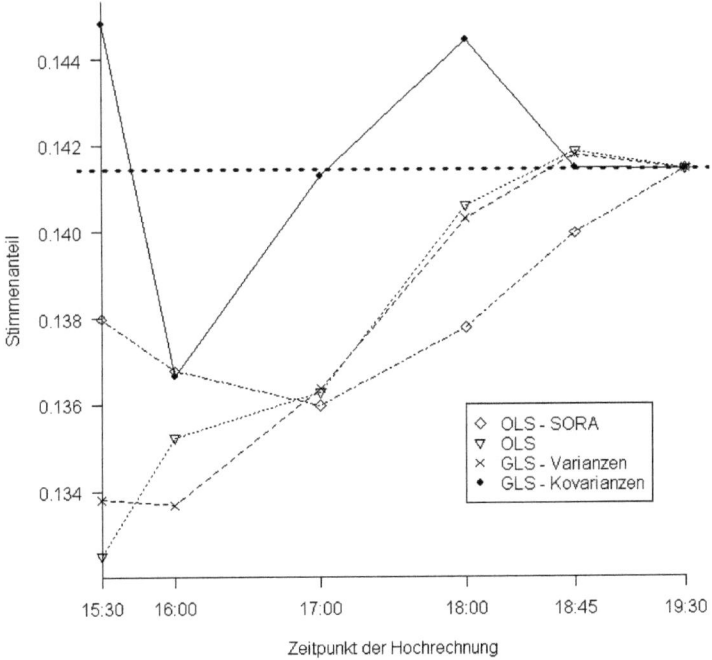

Abbildung 67: Wahlhochrechnung für die Liste Martin in Österreich (mit Wien).

In Abbildung 67 hält sich der Schätzer des aktuellen Modelles, wie auch die beiden einfacheren Modelle ziemlich gut im Vergleich zum „SORA"-Schätzer. In Abbildung 68 ist dann die übliche Reihenfolge wieder ersichtlich. Hier scheint es dann sogar, dass die Einteilung nach den Bundesländerclustern besser ist als jene nach dem SPÖ-Anteil.

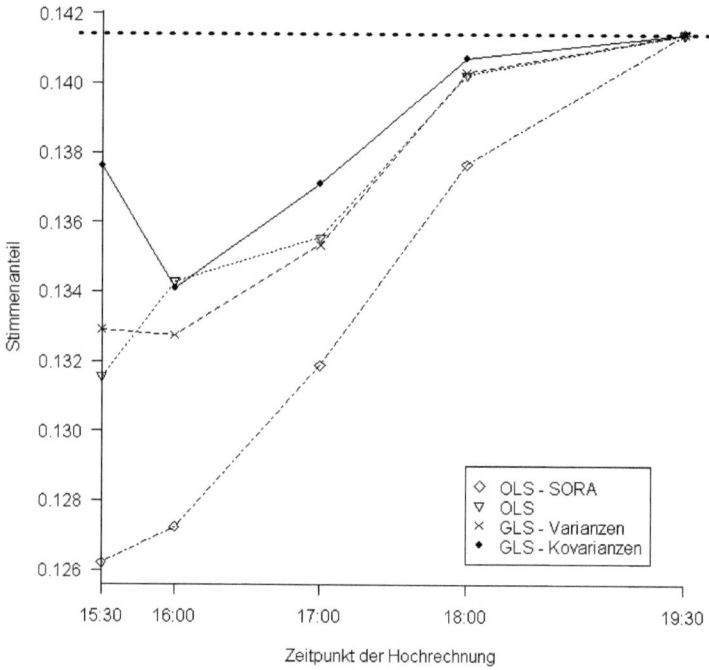

Abbildung 68: Wahlhochrechnung für die Liste Martin in Österreich (ohne Wien).

Abschließend soll nun kurz der Unterschied zwischen den beiden Clustereinteilungen aus Sicht der Hochrechnung für Wien näher beleuchtet werden. Es wird aufgezeigt, welche Vergleichswahlgebiete für die einzelnen Wiener Bezirke verwendet werden. Tabelle 19 zeigt, wie sich die 23 Wiener Bezirke auf die fünf SORA-Cluster aufteilen. Neben dem eher atypischen Wahlverhalten im ersten Bezirk (Innere Stadt), gehört lediglich die Josefstadt (8. Bezirk) zu den 20% der Gemeinden Österreichs mit dem niedrigsten SPÖ-Anteil (SORA-Cluster 1). Auf der anderen Seite ist trotz einer recht starken SPÖ in Wien nur Simmering bei den 20% der

SPÖ-stärksten Gemeinden in Österreich. Für die Voraussage des Wahlverhaltens des Großteils der Wiener Bevölkerung sind aber die Gemeinden des Clusters 3 und 4 entscheidend (insgesamt 81% der Bevölkerung).

Tabelle 19: Aufteilung der Wiener Bezirke nach dem SORA-Cluster.

SORA-Cluster		Anzahl Wahlberechtigte 2004	Anteil an der Wiener Bevölkerung
1	Innere Stadt, Josefstadt	34083	3%
2	Wieden, Mariahilf, Neubau, Alsergrund, Währing	123041	11%
3	Leopoldstadt, Landstraße, Margareten, Hietzing, Penzing, Rudolfsheim-Fünfhaus, Hernals, Doebling	371218	33%
4	Favoriten, Meidling, Ottakring, Brigittenau, Floridsdorf, Donaustadt, Liesing	540371	48%
5	Simmering	56177	5%
	Gesamt	1124890	

Die burgenländischen und niederösterreichischen Gemeinden, die für die Wiener Voraussage bei der gesamtösterreichischen Schätzung bei drei der vier Schätzern verwendet wurden, kommen aber nur verstärkt im SORA-Cluster 5 vor und spielen daher beim vierten Schätzer für Wien eine ziemlich unbedeutende Rolle (Tabelle 20).

Tabelle 20: Unterschiede der beiden verwendeten Cluster-Einteilungen.

		Bundesland								Gesamt
		Bgld	Ktn	NÖ	OÖ	Sbg	Stmk	T	Vbg	W	
SORA-Einteilung	1	0	4	55	72	18	91	152	82	2	476
	2	2	12	111	103	37	121	76	9	5	476
	3	13	32	128	110	28	118	36	4	8	477
	4	32	61	126	110	28	98	13	1	7	476
	5	124	23	153	50	8	115	2	0	1	476
Gesamt		171	132	573	445	119	543	279	96	23	2381

Eher werden hier auch in stärkerem Ausmaß Gemeinden aus Oberösterreich und der Steiermark berücksichtigt. Der Einfluss der burgenländischen Gemeinden reduziert sich drastisch. Betrachtet man diese Tatsache gemeinsam mit Abbildung 69 (Wählerübergänge Burgenland) und Abbildung 77 (Wählerübergange Wien), dann sieht man den Grund für die stark unterschiedliche Vorhersage in den deutlich höheren Behalteraten der beiden Großparteien SPÖ und ÖVP für das Burgenland, die die höchsten in ganz Österreich sind.

4.4 Schätzung der Wechselverhaltens – Die Wählerstromanalysen

In diesem Abschnitt wird nun für die drei oben behandelten Schätzer, die als Gemeindecluster die österreichischen Bundesländer verwenden, das geschätzte Wahl-Wechselverhalten dargestellt. Im ersten Teil erfolgt die zur Hochrechnung in Abschnitt 4.3.2 gehörende Analyse zwischen der Nationalratswahl 2002 und der EU-Wahl 2004.

Im zweiten Teil wird, ohne vorher die Hochrechnungen verglichen zu haben, eine vergleichende Wählerstromanalyse für die massiven Wählerwanderungen zwischen der Nationalratswahl 1999 und der Nationalratswahl 2002 gerechnet. Angesichts der in Abschnitt 4.3.2 demonstrierten leichten Überlegenheit des Multinomialmodelles kann dieser Schätzung wahrscheinlich beim Wechselverhalten am meisten vertraut werden. Hier soll die Aufmerksamkeit also besonders den Unterschieden im Ausmaß und in der Charakteristik dieser Schätzung zu den beiden einfacheren Modellen gelten.

4.4.1 Wechselverhalten Nationalratswahl 2002 auf EU-Wahl 2004

Bei den folgenden Grafiken ist zu beachten, dass die Balken den Anteil der Wähler einer Partei bei der Vorwahl darstellen. Nachdem die ÖVP bundesweit etwa viermal so viele Stimmen wie die FPÖ bei der Nationalratswahl 2002 bekommen hat, bedeutet zwei gleichbreite Balken in der ÖVP- bzw. in der FPÖ-Zeile eine in absoluten Zahlen viermal so große Menge an ÖVP-Wählern, die wechseln. Natürlich variieren die Parteianteile über die Bundesländer, sodass diese Regel nur als grobe Richtlinie gelten kann. Die Schätzung der Aufteilung der Wähler „anderer" Parteien 2002 ist aufgrund der geringen Zahl mit ziemlich großen Unsicherheiten behaftet und wird in diesem Abschnitt nicht dargestellt.

4.4.1.1 Wählerübergänge Burgenland

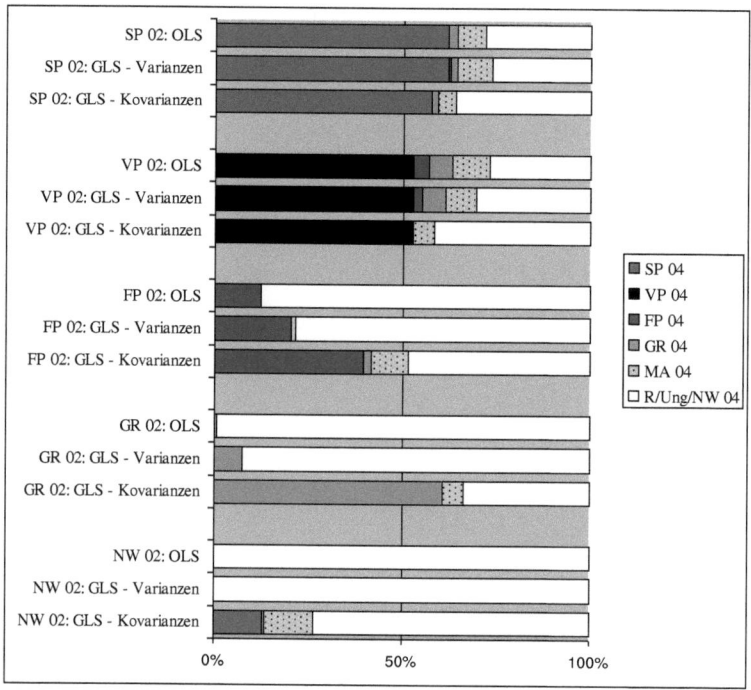

Abbildung 69: Wählerübergänge Burgenland, 2002 auf 2004.

Bei der Wählerstromanalyse für das Burgenland (Abbildung 69) fällt zuallererst der hohe Anteil an Nichtwählern auf. Jedoch gibt es bei dieser Wahl nur zwei Bundesländer, in denen der Nichtwähleranteil kleiner als 50% ist, nämlich Burgenland und Niederösterreich. Laut der „GLS-Kovarianzen"-Schätzung können alle Parteien, bis auf die FPÖ immerhin 50-60% ihrer Stimmen halten. Gerade bei den Grünen zeigt sich eine recht unplausible Behalterate bei den beiden einfacheren Schätzern. Von den Nichtwählern 2002 konnte im Burgenland die SPÖ und die EU-kritische Liste von Hans Peter Martin beträchtlich Stimmen gewinnen. Wie es scheint, hat die Liste Martin von allen Parteien prozentuell etwa gleich gewonnen.

4.4.1.2 Wählerübergänge Kärnten

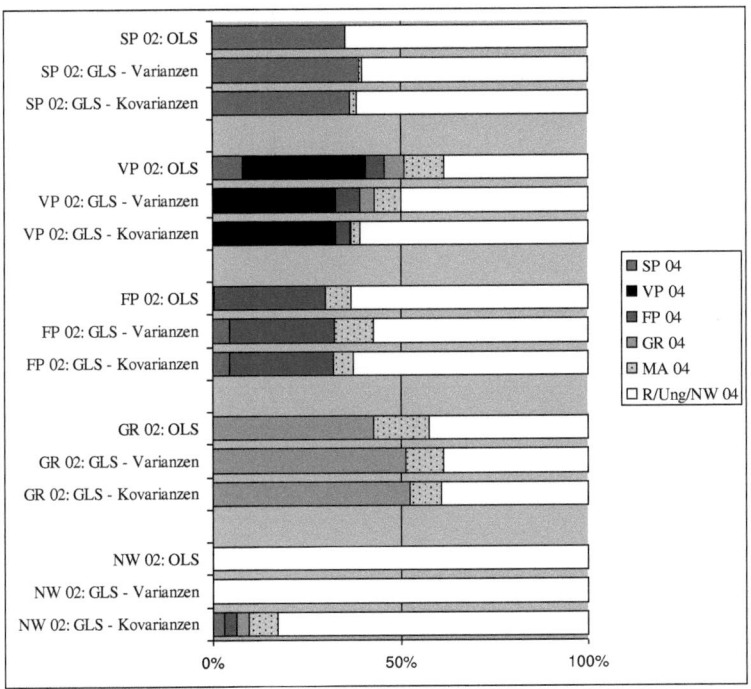

Abbildung 70: Wählerübergänge Kärnten, 2002 auf 2004.

In Abbildung 70 ist auffallend, dass die Grünen noch am ehesten ihre Stimmen behalten und dass die VP in absoluten Zahlen recht deutlich an die FPÖ verliert. Von den Nichtwählern dürfte die Volkspartei als einzige Partei ziemlich leer ausgehen. Gerade die intuitivere Verteilung der Nichtwähler von 2002 spricht für die Plausibilität der modifizierten Schätzung.

4.4.1.3 Wählerübergänge Niederösterreich

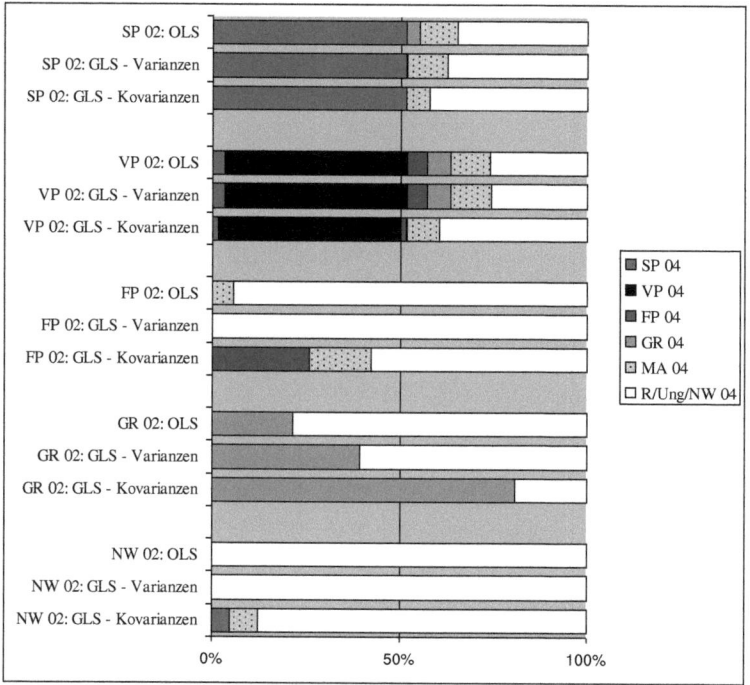

Abbildung 71: Wählerübergänge Niederösterreich, 2002 auf 2004.

Für Niederösterreich gilt ähnliches wie für das Burgenland. Abbildung 71 zeigt bis auf die FP noch relativ hohe Behalteraten, insbesondere bei den Grünen zu erkennen. Wieder kann die sozialdemokratische Partei und die Liste Martin Nichtwähler von 2002 mobilisieren. Die VP verliert am deutlichsten an die Liste Martin. Dass die FP trotz der außergewöhnlich starken Verluste bei der Nationalratswahl 2002 wieder nur ca. ein Viertel der Stimmen halten kann, ist doch einigermaßen überraschend.

4.4.1.4 Wählerübergänge Oberösterreich

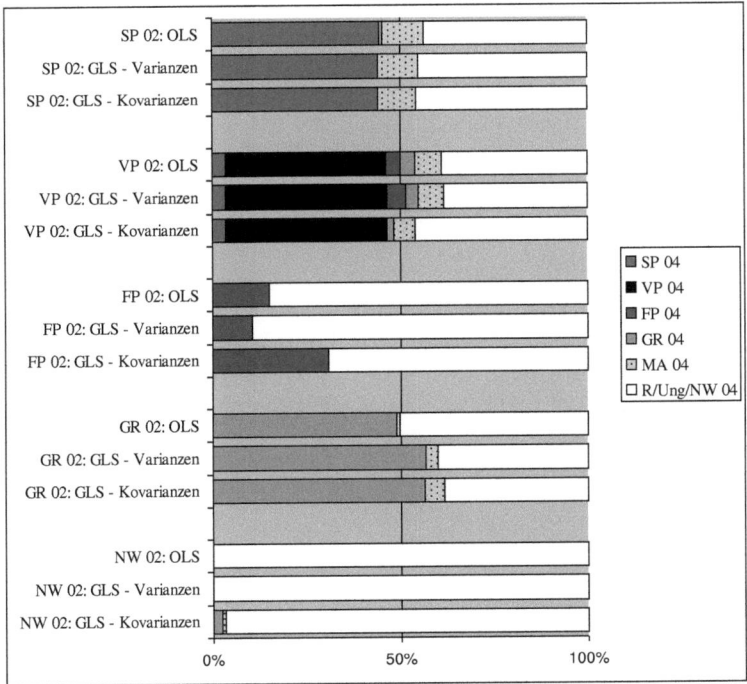

Abbildung 72: Wählerübergänge Oberösterreich, 2002 auf 2004.

Einigermaßen stabil scheinen die Verluste der SP an den ehemaligen SP-Mandatar Hans Peter Martin zu sein. Praktisch in allen Bundesländern zeigt sich, wie auch in Abbildung 72 für Oberösterreich ein nicht unwesentlicher Wählerstrom. Die VP verliert dafür auch an andere Parteien und kann von niemandem dazugewinnen. Angesichts des sehr guten Ergebnisses für die Volkspartei bei der Nationalratswahl 2002 wäre dies auch unwahrscheinlich.

4.4.1.5 Wählerübergänge Salzburg

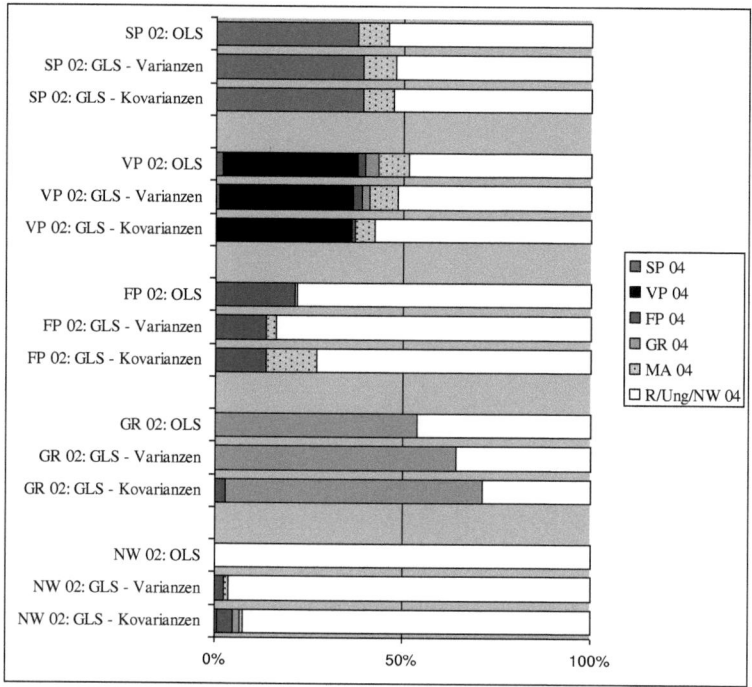

Abbildung 73: Wählerübergänge Salzburg, 2002 auf 2004.

Bei den Salzburger Übergängen in Abbildung 73 fällt auf, dass erstmals bei einem der beiden einfacheren Schätzer ein Abgehen von den Nichtwählern 2002 analysiert wird. Hier dürfte die FP am meisten profitieren, die aber ihrerseits wieder an die Liste Martin verliert. Inhaltlich kann man diese drei verschiedenen Wahlentscheidungen aber als ähnlich auffassen. Hans Peter Martin ist in seinem Programm eher dadurch aufgefallen, wogegen er ist, als wofür. Die Freiheitliche Partei gehört im EU-Parlament keiner Fraktion an und ist daher relativ machtlos und für manche Nichtwähler könnte auch als Motiv gelten, dass man gegen alles sonst gebotene Stimmen möchte.

4.4.1.6 Wählerübergänge Steiermark

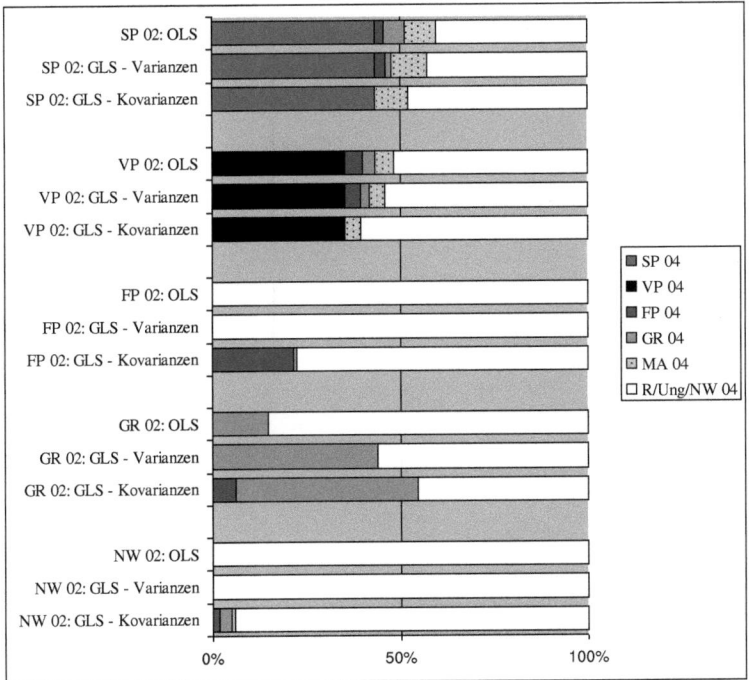

Abbildung 74: Wählerübergänge Steiermark, 2002 auf 2004.

Der interessanteste Wechsel in der Steiermark findet, wie auch in Tirol (Abbildung 74) von den Grünen zu den Freiheitlichen statt. Während man in Tirol eine resignative Haltung wegen des Verkehrsproblemes am Brenner dafür verantwortlich machen könnte, ist in der Steiermark dieser Wechsel nur schwer zu begründen. Die Schätzungen der beiden einfacheren Modelle, wonach die FPÖ-Wähler keinen ihrer Wähler halten können, scheint doch eher unvernünftig zu sein. Hier erhärtet sich doch der Verdacht einer gewissen Methodenschwäche.

4.4.1.7 Wählerübergänge Tirol

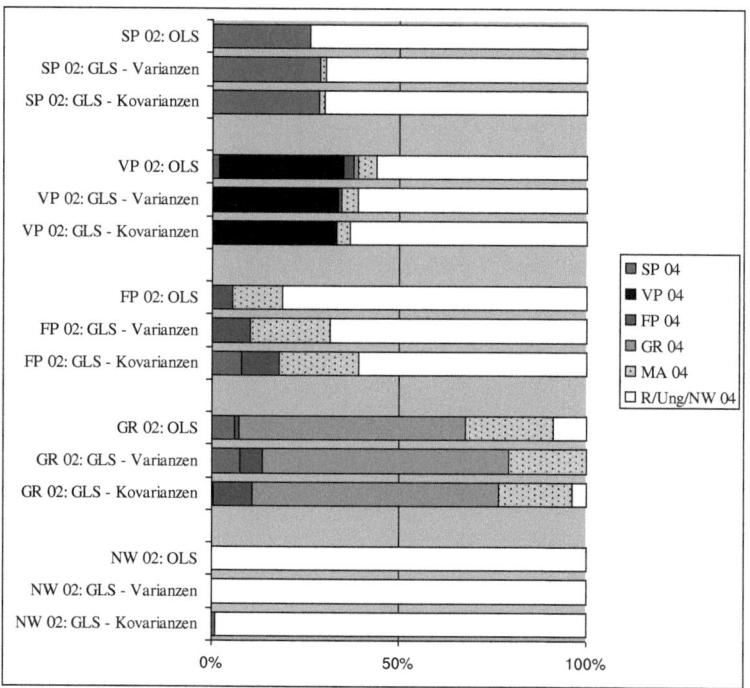

Abbildung 75: Wählerübergänge Tirol, 2002 auf 2004.

Die Grafik für Tirol (Abbildung 75) suggeriert, dass die Nichtwähler von 2002 keine Veranlassung gesehen haben, bei der EU-Wahl plötzlich wählen zu gehen. Relativ gesehen bekommt Hans Peter Martin starken Zulauf von Grünen und blauen Wählern.

4.4.1.8 Wählerübergänge Vorarlberg

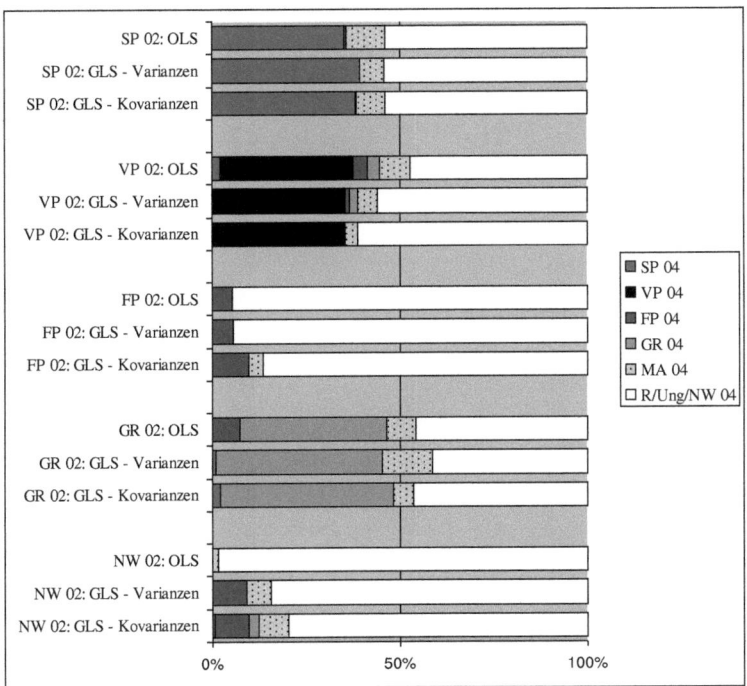

Abbildung 76: Wählerübergänge Vorarlberg, 2002 auf 2004.

In Vorarlberg (Abbildung 76) fällt auf, dass die FPÖ von den Nichtwählern Kapazität schöpft und die Partei in Absolutzahlen bei der EU-Wahl 2004 aus mehr Nichtwählern von 2002 als von damaligen Wählern der eigenen Partei besteht. Wieder gewinnt die Liste Martin von allen Gruppen teilweise beträchtlich, was auch damit zu tun haben könnte, dass Martin aus Vorarlberg kommt.

4.4.1.9 Wählerübergänge Wien

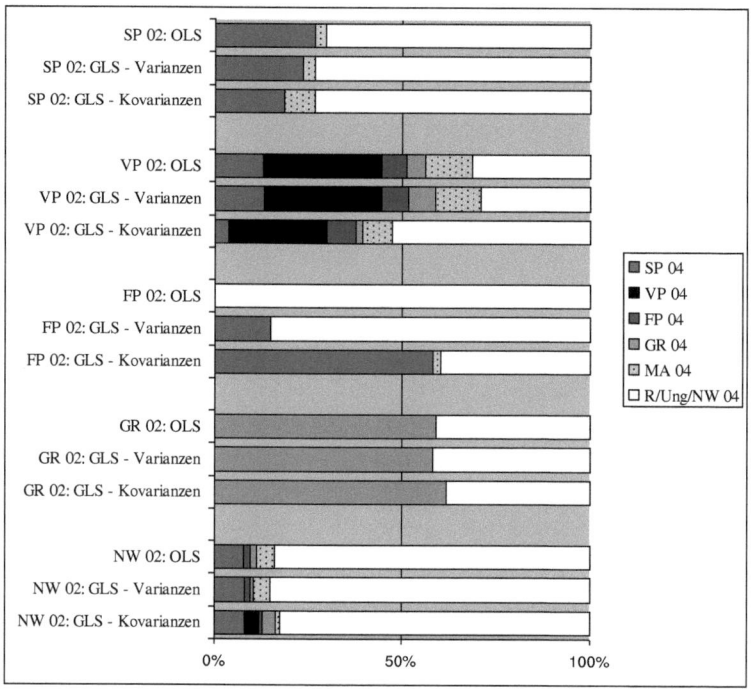

Abbildung 77: Wählerübergänge Wien, 2002 auf 2004.

Die in Abbildung 77 dargestellten Wiener Wechselraten zeigen das bisher bemerkenswerteste Resultat, nämlich dass keiner der FP-Wähler von 2002 wieder die FP gewählt hätte, sondern dass über die Hälfte der Wähler zur sozialdemokratischen Partei abgewandert wären. Obwohl aus der Vergangenheit bekannt ist, dass in Wien der Austausch eher zwischen FP und SP stattfindet, kann man dieser Schätzung eigentlich nicht vertrauen. Der Grund dieses Dilemmas bei diesen Schätzungen ist in Abbildung 78 und Abbildung 79 ersichtlich.

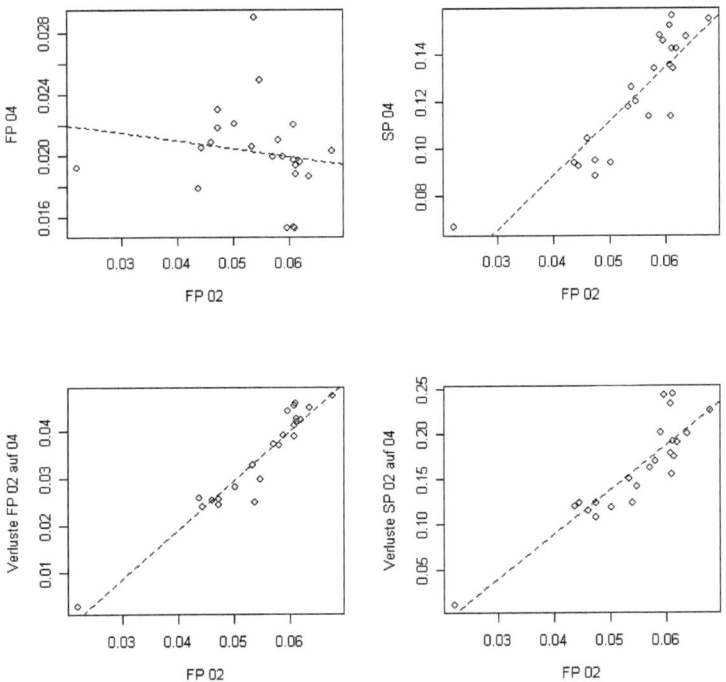

Abbildung 78: **Zusammenhang der Stimmenanteile von FP bei der Nationalratswahl 2002 und SP bzw. FP bei der EU-Wahl 2004 in Wien (mit NW).**

In Abbildung 78 sieht man in der oberen Zeile links, dass die FP-Anteile bei den beiden Wahlen ziemlich zusammenhangslos sind. Rechts sieht man dann, dass die FP-Anteile von 2002 viel stärker mit den SP-Anteilen 2004 zusammenhängen, was ja auch entscheidend für die Schätzung ist. Dort, wo die FP 2002 stark war, ist auch die SP 2004 stark. Daher kommt die Schätzung dieser großen Übergangsrate. Das hat aber hauptsächlich damit zu tun, dass die Ergebnisse der SP und der FP im schon im Jahre 2002 sehr hoch korreliert haben. Die FP war in Wien 2002 einfach immer dort stark, wo auch die SP stark war. Man könnte sich denken, dass eine Korrelation der Parteistärke der FP 2002 mit den Anteilsveränderungen von 2002 auf 2004 besser funktioniert. Aufgrund des hohen Nichtwähleranteils von fast zwei Drittel der Wähler in Wien kommt man jedoch zum nichts sagenden Ergebnis, dass sowohl die FP als auch die SP überall dort viel verloren haben, wo sie viele Stimmen gehabt haben. Bei einer Steigerung des NW-Anteils von 20% auf 60% entstehen solche Grafiken auch schon, wenn die Anteile unter den gültigen Stimmen von einer Wahl zur anderen gleich bleiben.

Abbildung 79, die die jeweiligen Prozentsätze an gültigen Stimmen ausweist (im Falle der EU-Wahl die im Abschnitt 4.3.2 verwendeten Anteile) relativiert den extremen Stimmenfluss von der FP zur SP. Die FP hat zwar dort hoch verloren, wo sie große Anteile gehabt hat, was für eine prozentuell einigermaßen konstante Abwanderung spricht, jedoch suggeriert die Grafik links oben immer noch einen steigenden Zusammenhang der FP-Anteile (r=+0,33), was für niedrige, aber doch vorhandene Behalteraten der FPÖ sprechen sollte. Die Grafik rechts unten weist aber keine betragsmäßig stärkere Korrelation aus (r=-0,29). Zwar hat die SP von 2002 auf 2004 in den Gemeinden mehr verloren, wo weniger freiheitliche Wähler waren, aber das Ungleichgewicht von Abbildung 77 kann hier nicht nachvollzogen werden und der Übergang hat wohl in geringerem Ausmaß stattgefunden.

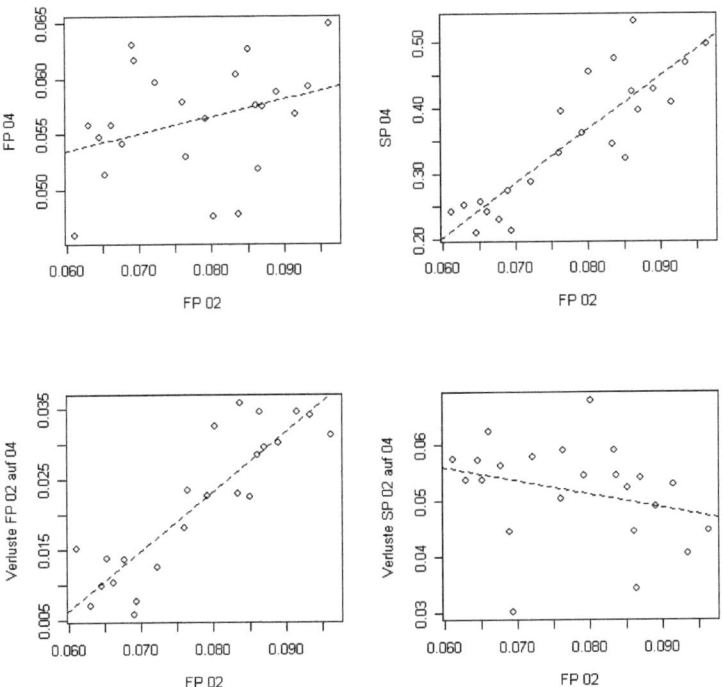

Abbildung 79: Zusammenhang der Stimmenanteile von FP bei der Nationalratswahl 2002 und SP bzw. FP bei der EU-Wahl 2004 in Wien (ohne NW).

4.4.1.10 Wählerübergänge Österreich gesamt

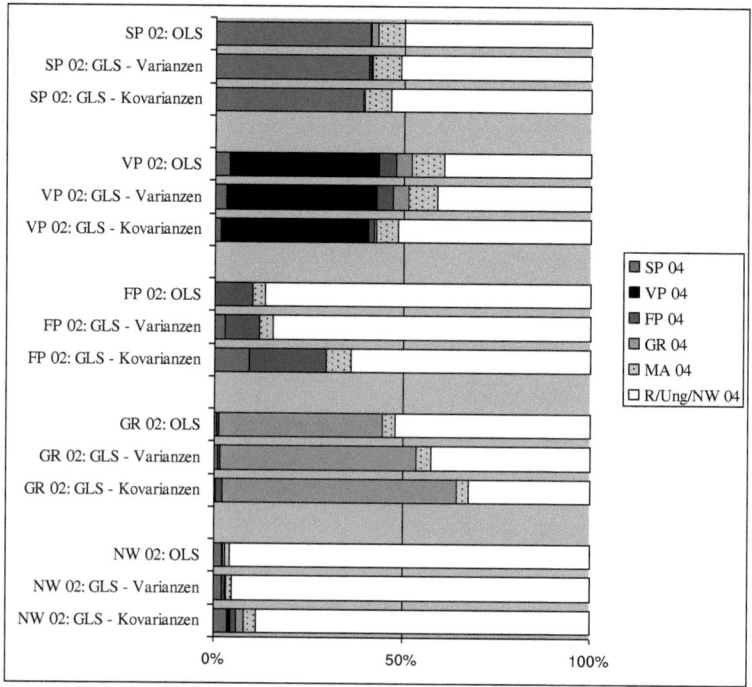

Abbildung 80: Wählerübergänge Österreich gesamt, 2002 auf 2004.

Die Gesamtösterreichische Wählerstromanalyse (Abbildung 80) zeigt nun ein recht scharfes Bild. Geht man nach dem methodisch das Phänomen am besten beschreibenden Schätzer „GLS-Kovarianzen", dann haben die Grünen den größten Anteil ihrer Stimmen behalten. Die beiden Großparteien sind mit ihren Behalteraten um ca. 40% deutlich dahinter. Offenbar haben viele Wähler gedacht, dass die beiden Parteien auch ohne die eigene Unterstützung stark werden und die Notwendigkeit ihrer Stimmabgabe nicht gesehen. Dies hat den Grünen einen bundesweit beachtlichen Zuwachs von 9,5% 2002 auf 12,9% 2004 eingebracht. Vom

„Kuchen" der Nichtwähler dürfen sich alle anderen Parteien ein Stück „abschneiden".

Die SPÖ verliert lediglich an Hans Peter Martin (bis auf den großen Anteil jener, die nicht gewählt haben). Die ÖVP kann das sehr gute Ergebnis von 2002 nicht halten und verliert an alle Wählergruppen. Hinter dem beträchtlichen Wählerstrom von der FPÖ zur SPÖ, der beinahe ausschließlich durch das Wiener Ergebnis geschätzt wird - nur Tirol und Kärnten liefern noch kleine Beiträge dazu - steht ein großes Fragezeichen.

Wie auch schon im Theorieteil beschrieben, wurden wieder die deterministischen Grenzen für die Übergangsraten durch Berücksichtigung der Information der einzelnen Gemeinden berechnet. Diese sind in den Tabelle 21 und Tabelle 22 dargestellt. Leider ist diese Grenzeinengung wieder nicht sehr informativ und keine einzige Schätzung verstößt gegen diese Grenzen, sodass es nicht notwendig ist, diese in das Optimierungsproblem als Nebenbedingungen aufzunehmen.

Tabelle 21: Mögliche Untergrenzen für die Wechselanteile von der Nationalratswahlen 2002 auf die EU-Wahl 2004.

		2004					
		SPÖ	ÖVP	FPÖ	Grüne	Martin	and/Ung/NW
2002	SPÖ	0,0%	0,0%	0,0%	0,0%	0,0%	3,2%
	ÖVP	0,0%	0,2%	0,0%	0,0%	0,0%	7,1%
	FPÖ	0,0%	0,0%	0,0%	0,0%	0,0%	0,0%
	GRÜNE	0,0%	0,0%	0,0%	0,0%	0,0%	0,0%
	andere	0,0%	0,0%	0,0%	0,0%	0,0%	0,0%
	Ung+NW	0,0%	0,0%	0,0%	0,0%	0,0%	0,6%

Tabelle 22: Mögliche Obergrenzen für die Wechselanteile von der Nationalratswahlen 2002 auf die EU-Wahl 2004.

		2004					
		SPÖ	ÖVP	FPÖ	Grüne	Martin	and/Ung/NW
2002	SPÖ	46,5%	40,9%	8,8%	17,7%	19,5%	99,2%
	ÖVP	39,7%	39,6%	7,7%	15,5%	17,0%	96,9%
	FPÖ	87,3%	86,0%	31,9%	56,0%	64,8%	100,0%
	GRÜNE	88,9%	86,0%	32,6%	72,2%	67,2%	100,0%
	andere	99,8%	100,0%	95,4%	99,5%	100,0%	100,0%
	Ung+NW	58,7%	53,1%	12,5%	25,2%	27,7%	100,0%

Eine vergleichende Analyse mit der 2004 publizierten Wählerstromanalyse des SORA-Institutes ist leider nicht möglich, da dort auf die EU-Wahl 1999 zurückgerechnet wurde.

4.4.2 Wechselverhalten Nationalratswahl 1999 auf Nationalratswahl 2002

Als zweites Wahlbeispiel sollen nun die starken Wählerströme zwischen den Nationalratswahlen im Jahr 1999 und 2002, die einen massiven Umbruch der politischen Kräfteverhältnisse in Österreich gebracht haben, berechnet werden. Als konkurrierende Modelle stellen sich wieder die drei im vergangenen Abschnitt behandelten.
Bei Berücksichtigung der Stimmenanteile bei der Nationalratswahl 1999 ist zu beachten, dass auf Bundesebene die sozialdemokratische Partei, die Volkspartei, die freiheitliche Partei und die Partei der Nichtwähler ungefähr mengenmäßig viermal so groß war, wie die Partei der Grünwähler. Gleichbreite Balken sind daher mit diesem Verhältnis auf die absoluten Stimmenbewegungen umzurechnen. Klarerweise variiert dieses Verhältnis in den einzelnen Bundesländern oft. Die Schätzung der Aufteilung der Wähler „anderer" Parteien 1999 ist aufgrund der geringen

Zahl mit den größten Unsicherheiten behaftet und wird deshalb nur selten kommentiert. Im wesentlichen werden in dieser Gruppe die ehemaligen Wähler des liberalen Forums zusammengefasst

Gelegentlich wird bei den folgenden Analysen auch auf die größten Unterschiede zur publizierten Wählerstromanalyse der SORA-Autoren (Hofinger und Ogris, 2003) eingegangen werden.

4.4.2.1 Wählerübergänge Burgenland

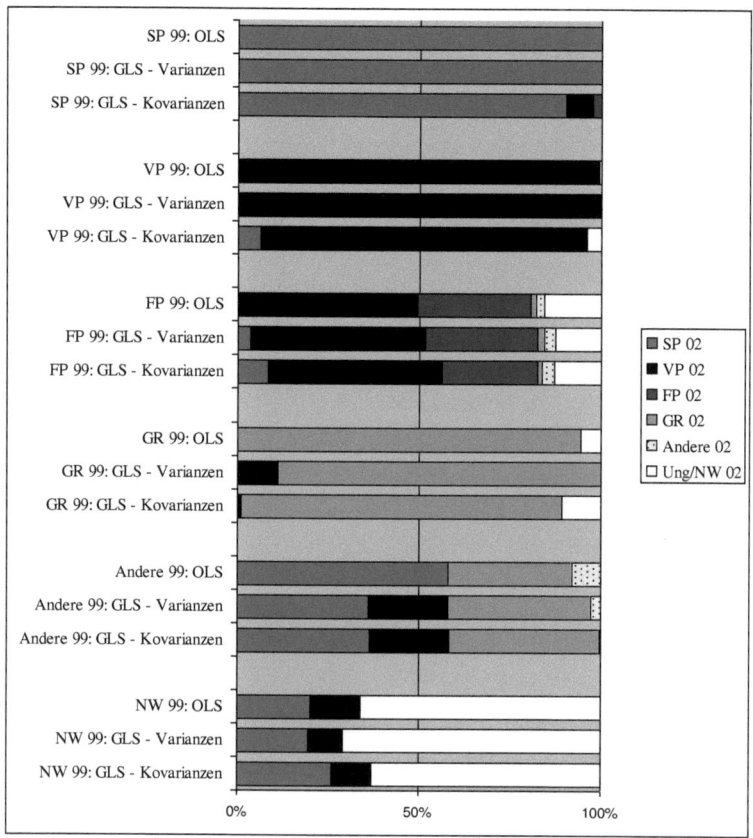

Abbildung 81: Wählerübergänge Burgenland, 1999 auf 2002.

Für das Burgenland zeigt Abbildung 81 tatsächlich, dass die SP kaum von freiheitlichen Wählern 1999 profitieren konnte. Es scheint sogar zwischen den beiden großen Parteien einen in etwa gleich starken Austausch gegeben zu haben und dass die SP sogar mehr Nichtwähler als die VP mobilisieren konnte. Auffällig sind auch die Grünen, die im Burgenland schon eine beachtliche Stammwählerschaft entwickeln.

4.4.2.2 Wählerübergänge Kärnten

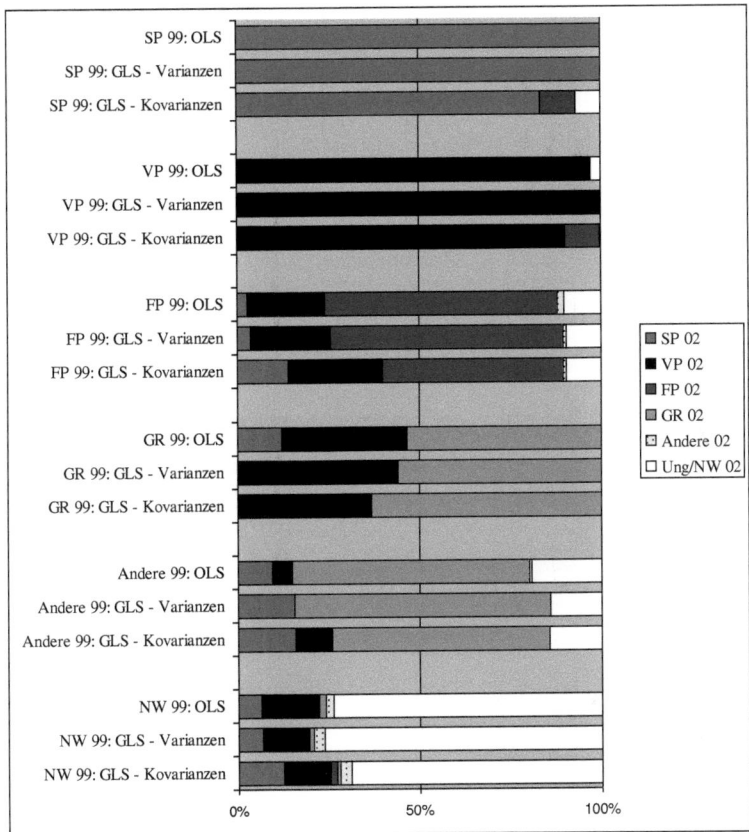

Abbildung 82: Wählerübergänge Kärnten, 1999 auf 2002.

In Kärnten (Abbildung 82) verliert die SP doch recht deutlich an die FP und auch von der VP fließen Stimmen zur FP. Das scheint bemerkenswert, weil bis auf den geringen Wählerstrom von SP zu FP im Burgenland nirgendwo ein Stimmenfluss zur FP von Seiten der drei anderen 1999 im Parlament befindlichen Parteien festgestellt werden kann.

Diese Ströme und die von allen Bundesländern größten Behalteraten der FPÖ führt dazu, dass diese in Kärnten ein wesentlich besseres Resultat halten konnte, als in den anderen Bundesländern, in denen durchschnittlich zwei Drittel der Stimmen abgegeben werden musste. Die ÖVP konnte in Kärnten stark von den Grünwählern profitieren.

4.4.2.3 Wählerübergänge Niederösterreich

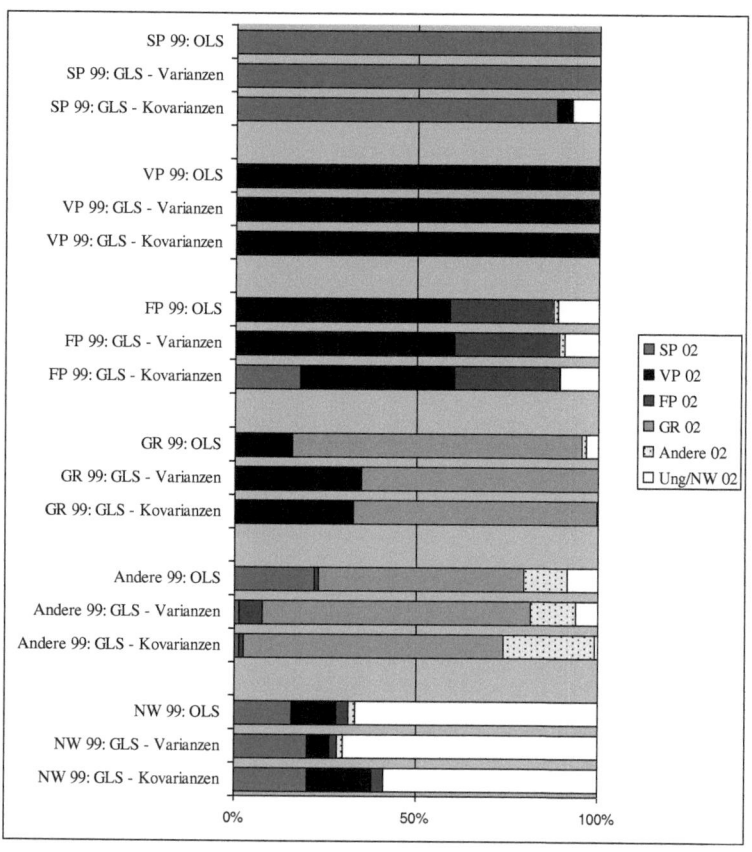

Abbildung 83: **Wählerübergänge Niederösterreich, 1999 auf 2002.**

Abbildung 83 zeigt die niederösterreichischen Ergebnisse. Hier hat die VP keine Stimmen abgegeben (was in der bundesweit starken Position des dortigen Landeshauptmannes begründet sein könnte) sondern von den drei anderen Parteien zum Teil stark gewonnen. Auch die SPÖ konnte von den Freiheitlichen gewinnen.

4.4.2.4 Wählerübergänge Oberösterreich

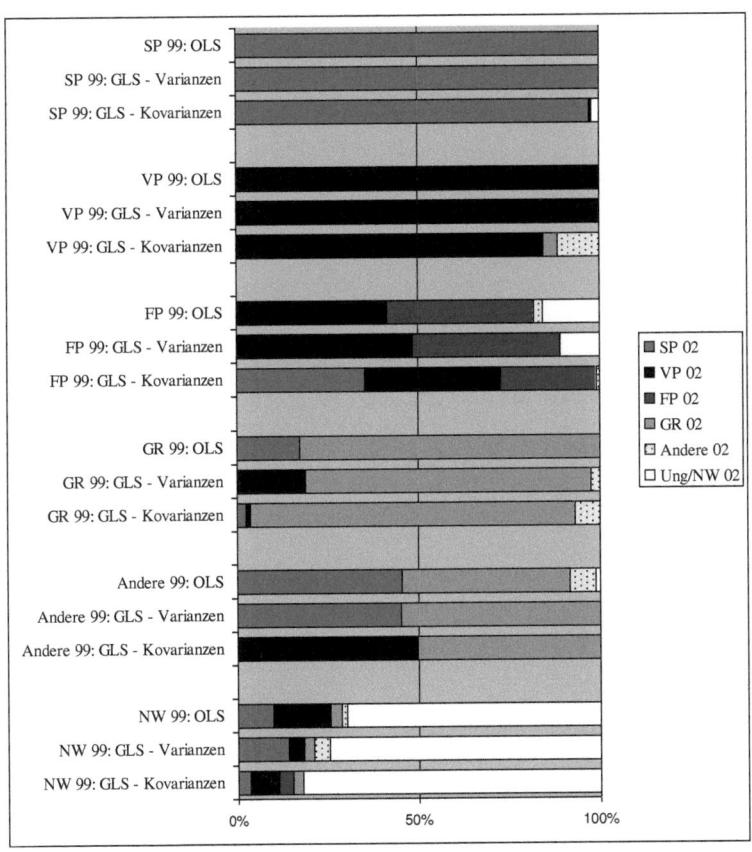

Abbildung 84: Wählerübergänge Oberöstereich, 1999 auf 2002.

In Oberösterreich teilten sich die FP-Wähler von 1999 laut Abbildung 84 ziemlich gleich zwischen der SP, der VP und der FP auf. Die Volkspartei hat hier sogar etwas an die Grünen und an andere Kleinstparteien verloren. Die Wählerströme *zu* den „anderen" Parteien sind aber zu hinterfragen, da auch die Wählerströme *von* den anderen Parteien äußerst fraglich sind. Nichtwähler konnten für alle Parteien (bis auf Kleinstparteien) mobilisiert werden.

4.4.2.5 Wählerübergänge Salzburg

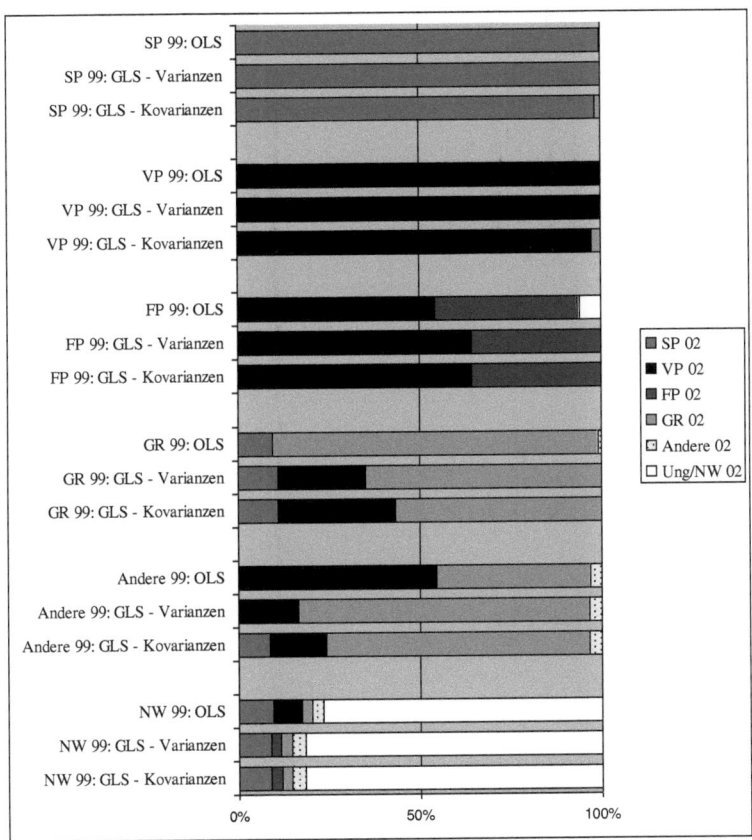

Abbildung 85: Wählerübergänge Salzburg, 1999 auf 2002.

In Salzburg (Abbildung 85) vereint die VP von 2002 viele ehemalige FP-Wähler aber auch ehemalige Grün-Wähler, was der von der VP selbst definierten Position der politischen Mitte entspricht.

4.4.2.6 Wählerübergänge Steiermark

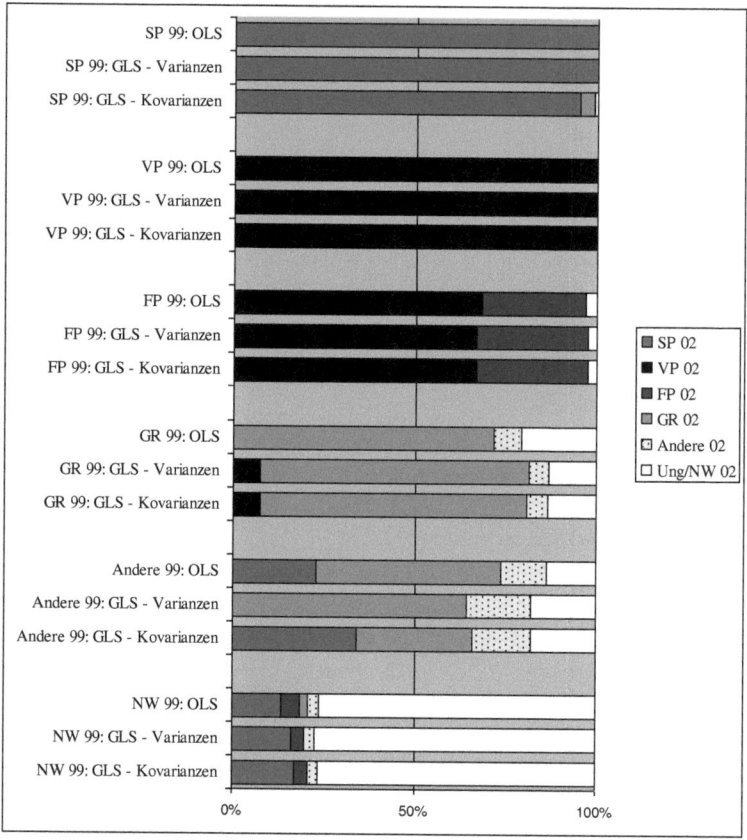

Abbildung 86: Wählerübergänge Steiermark, 1999 auf 2002.

Auch in der Steiermark findet wieder eine massive Bewegung von der FP zur VP statt, wie Abbildung 86 zeigt. Von den Nichtwählern können die Sozialdemokraten am meisten gewinnen.

4.4.2.7 Wählerübergänge Tirol

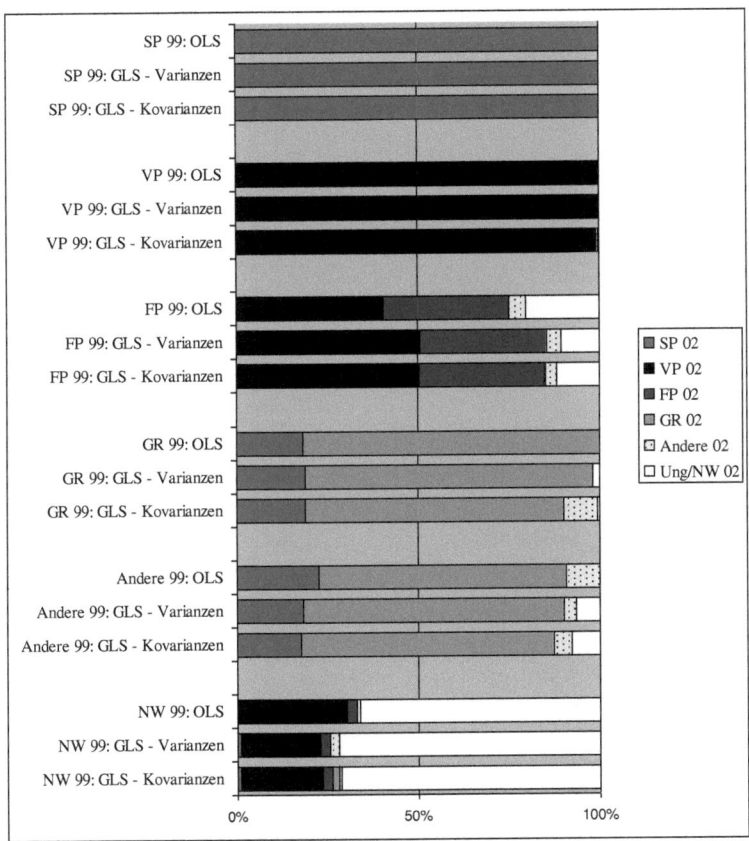

Abbildung 87: Wählerübergänge Tirol, 1999 auf 2002.

Die Tiroler VP hat es in starken Ausmaß geschafft, ehemalige Nichtwähler zu mobilisieren und auch von der FP kommt ein beträchtlicher Teil der neuen Stimmen. Abbildung 87 zeigt aber auch, dass im Gegensatz zu anderen Bundesländern die VP von den Grünen keine Stimmen gewinnen kann. Die SP verliert, so wie die VP, nach diesen Schätzungen keine

Stimmen. Hier findet der Austausch eher in den Blöcken rot/grün bzw. schwarz/blau statt.

4.4.2.8 Wählerübergänge Vorarlberg

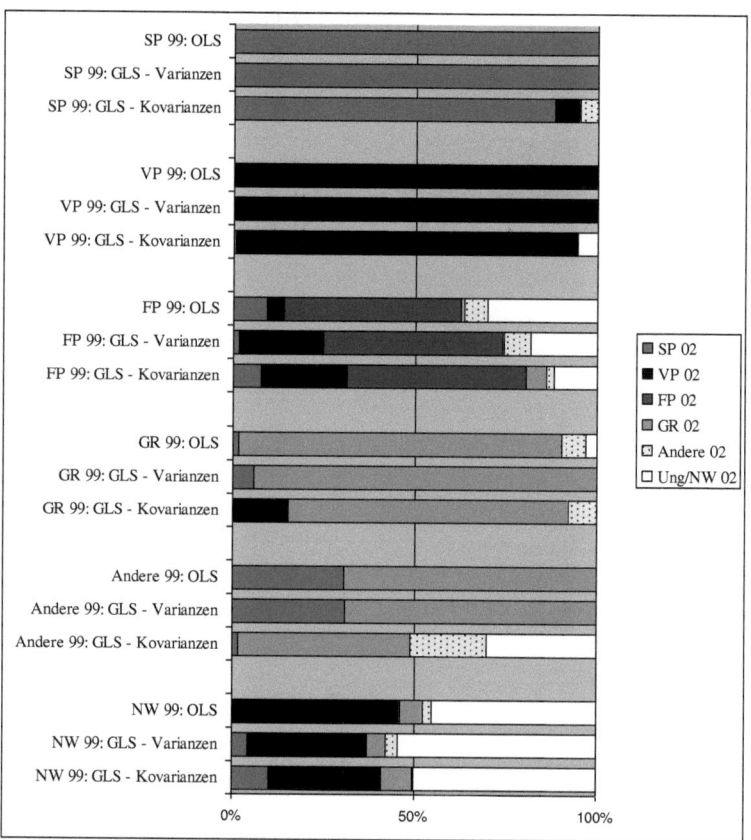

Abbildung 88: Wählerübergänge Vorarlberg, 1999 auf 2002.

Die in Tirol beobachtete Mobilisierung der Nichtwähler für die VP zeigt sich auch in Vorarlberg (Abbildung 88). Es ist das einzige Bundesland, in dem die VP mehr von den ehemaligen Nichtwählern als von der FP gewinnt. Im Vergleich zu vielen anderen Bundesländern sind die freiheitlichen Behalteraten in Vorarlberg noch einigermaßen hoch. Dass sich die FP-Wähler von 1999 laut SORA-Analyse fast zur Gänze auf FP und VP aufteilen, kann gerade in Vorarlberg bei keiner der drei Schätzungen nachvollzogen werden.

4.4.2.9 Wählerübergänge Wien

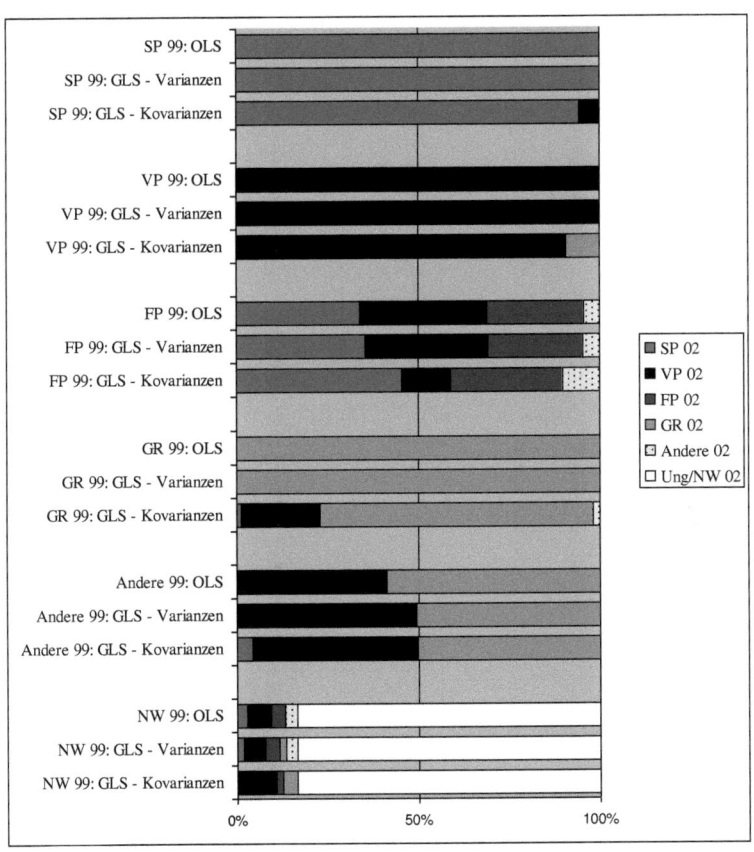

Abbildung 89: Wählerübergänge Wien, 1999 auf 2002.

Bei den in Abbildung 89 dargestellten geschätzten Wiener Parteiwechselanteilen ist wie schon bei den Analysen zur EU-Wahl (Abbildung 77) ein starker Strom von der FP zur SP festzustellen, der im ganzen übrigen Bundesgebiet nicht in der Form auftritt. Es bleibt offen, ob es sich hier um eine Methodenschwäche handelt (wie in Abschnitt 4.4.1.9 angedeutet) oder ob sich die beiden „Arbeiterparteien" in der Bundeshauptstadt vom Profil her näher stehen als im Rest von Österreich. Jedenfalls gibt es den Austausch zwischen VP und Grünen in beide Richtungen und eine starke Mobilisierung der Nichtwähler für die Volkspartei.

Verglichen mit der SORA-Analyse (Hofinger und Ogris, 2003, S. 174) gibt es in Wien die massivsten Unterschiede. Dort wurde berechnet, dass die FP 27% ihrer Wähler an die SP und 44% an die VP verloren hätte, womit die in der vorliegenden Arbeit berechneten Ergebnisse, die die SP als deutlich stärkeren Gewinner von der freiheitlichen Partei ausweisen, praktisch umgedreht würden. Angesichts der Wählerstruktur in Wien scheint ein solch großer Übergang an die VP ziemlich unrealistisch.

4.4.2.10 Wählerübergänge Österreich

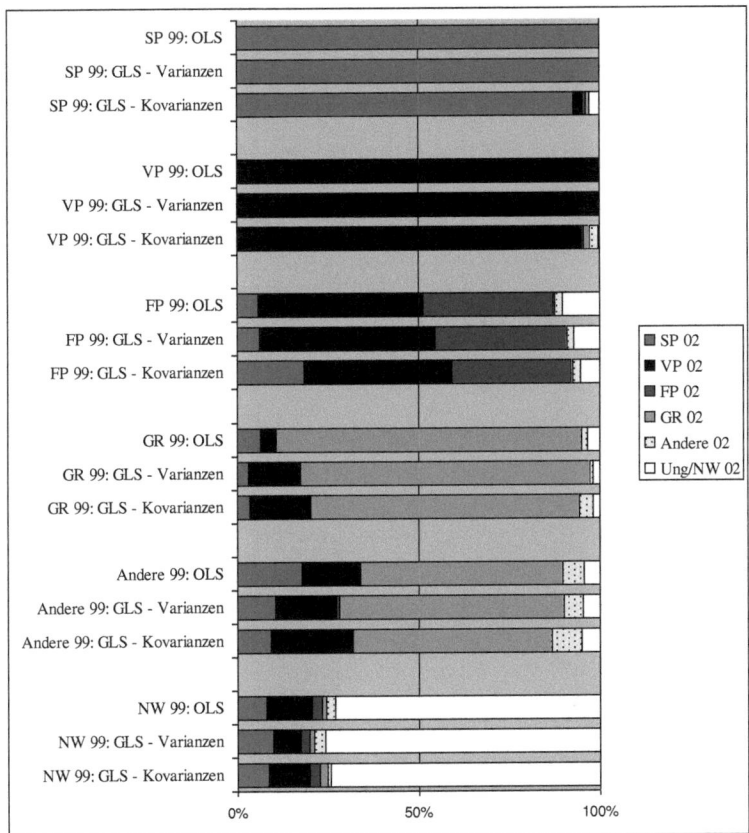

Abbildung 90: Wählerübergänge Österreich gesamt, 1999 auf 2002.

Die bei King (1997) diskutierte deterministische Begrenzung der Wahrscheinlichkeiten (Anteile) wurde bereits im Theorieteil (Kapitel 2, Tabelle 11 und Tabelle 12 in Zusammenhang mit Tabelle 10) berechnet. Im Falle der Schätzungen in Abbildung 90 kann die Behalterate der SPÖ von 100% also sicher nicht der Realität entsprechen. Die anderen Schätzungen liegen innerhalb dieser deterministischen Grenzen.

Obwohl (oder gerade weil) das Wechselverhalten in den Bundesländern durchaus unterschiedlich ist, zeigt sich in der gesamtösterreichischen Analyse, dass die ÖVP von allen Gruppen Stimmen gewinnen konnte. Der Fluss von den Freiheitlichen ist natürlich mit Abstand der größte, jedoch wurde gezeigt, dass dieser nicht in allen Bundesländern im selben Ausmaß stattfindet. Die SP, die ja von 1999 auf 2002 auch Anteilszuwächse verzeichnet, gewinnt von den Freiheitlichen (in Wien) und auch von den Nichtwählern, die mobilisiert werden konnten. Umgekehrt gibt es 2002 neue Nichtwähler, die – in Absolutstimmen gerechnet – etwa im selben Ausmaß von der SP und der FP kommen. Die Grünen konnten bundesweit ca. zwei Drittel ihrer Wähler halten. Das dritte Drittel fließt hier aber großteils der VP und nicht der SP zu, von der oft behauptet wird, dass sie den Grünen inhaltlich näher steht als die VP. Von den Wählern „anderer" Parteien, die immerhin in Summe gute 4% im Jahr 1999 erhalten haben, ging auch der Löwenanteil von ca. 50% an die Grünen. Am zweitmeisten konnte hier die ÖVP profitieren, insbesondere wegen des starken Wechsels von ehemaligen Wählern des liberalen Forums in Wien.

Die Unterschiede zur Arbeit von Hofinger und Ogris (2003) in der gesamtösterreichischen Analyse sind nicht sehr stark. Lediglich der Fluss von der FP zur SP fällt laut den SORA-Analysten nicht so hoch aus und jener zur VP wird dort mit 51% geschätzt.

Dass es in der vorliegenden Analyse keine (inhaltlich schwer nachvollziehbare) Wählerströme von der FP zu den Grünen (und umgekehrt) gegeben hat, bestärkt die Glaubwürdigkeit an die erhaltenen Ergebnisse. Trotzdem weisen die Schätzer Instabilitäten auf, wie der folgende Abschnitt zeigt.

4.4.3 Beobachtungen im Verlauf der Schätzungen

Im folgenden wird auf zwei Beobachtungen eingegangen, die die Schätzung der Wechselwähleranteile in den Abschnitten 4.4.1 und 4.4.2 betreffen, nämlich die Instabilität der Schätzer bezüglich der relativ beliebigen Gruppierungen der Kleinstparteien sowie die Charakteristik der Schätzungen des Multinomialmodelles.

4.4.3.1 Instabilität der Schätzer

Die Instabilität der verwendeten Schätzer soll in einem weiteren Beispiel demonstriert werden. Wie auch schon im Abschnitt 4.4.1.9 betrifft es die Wechselanteile in Wien von der FPÖ bei der zeitlich vorgehenden Wahl zu den anderen Parteien bei der späteren Wahl. In Tabelle 23 sind zwei Übergangsmatrizen für Wien dargestellt, die beide mit dem gleichen Schätzer durchgeführt wurden, jedoch im Jahr 1999 eine andere Parteiaufteilung aufweisen. Wurde in den ersten Analysen noch von einer Einteilung ausgegangen, die das Liberale Forum extra ausgewiesen hat, stellte sich mit der Zeit heraus, dass aufgrund der geringen Stimmenzahlen in kleineren Gemeinden numerische Probleme auftreten konnten (siehe auch Abschnitt 3.5.1). Daher wurde später auf die Einteilung in Tabelle 23 unten übergegangen, die das Liberale Forum mit den restlichen Kleinstparteien zusammenfasst. Es wurden also lediglich 1,5% der Wahlberechtigten einer anderen Gruppen zugeordnet.

Tabelle 23: **Wählerübergänge Wien, 1999 auf 2002. Effekt unterschiedlicher Parteigruppierungen.**

	SP 02	VP 02	FP 02	GR 02	Andere 02	Ung/NW 02
SP 99	100%	0%	0%	0%	0%	0%
VP 99	0%	100%	0%	0%	0%	0%
FP 99	34%	38,2%	25%	0%	3%	0%
GR 99	0%	0%	0%	100%	0%	0%
LIF 99	0%	42%	0%	58%	0%	0%
Andere/Ung/NW 99	2%	7%	5%	4%	4%	79%

	SP 02	VP 02	FP 02	GR 02	Andere 02	Ung/NW 02
SP 99	100%	0%	0%	0%	0%	0%
VP 99	0%	100%	0%	0%	0%	0%
FP 99	35%	33,7%	26%	0%	5%	0%
GR 99	0%	0%	0%	100%	0%	0%
Andere 99	0%	50%	0%	50%	0%	0%
Ung/NW 99	2%	6%	4%	2%	3%	84%

Der verwendete Schätzer ist nicht derjenige, der Kovarianzen zwischen den Parteiergebnissen in Abhängigkeit von den geschätzten Parametern selbst zulässt, sondern der mit „GLS-Varianzen" bezeichnete Schätzer, der die Wahlberechtigten in jeder einzelnen Gemeinde als stabile Eintrage für die Varianzen des Schätzers hat, also in gewissen Sinne die stabilere Version. Es kann aber davon ausgegangen werden, dass der beobachtete Effekt bei den anderen Schätzer auch vorgekommen wäre.

Der Effekt ist nämlich folgender. Die Änderung in der Zusammensetzung der Parteigruppen Gruppe 5 und 6 sollte auf die ersten vier Zeilen der Übergangsmatrix in Tabelle 23 keinen Einfluss haben, da die Wechselraten der Wähler von SP, VP, FP, und Grünen 1999 zu den verschiedenen Parteien 2002 (deren Einteilung nicht geändert worden ist) davon nicht beeinflusst werden können.

Es zeigt sich aber, dass die Schätzungen in den ersten vier Zeilen der Übergangsmatrix sehr wohl beeinflusst werden, und zwar in einem nicht unbeträchtlichen Ausmaß. Konkret wird nämlich geschätzt, dass nur mehr 33,7% statt 38,2% der FPÖ-Wähler von 1999 im Jahr 2002 zur ÖVP gewechselt sind, was immerhin 5300 FPÖ-Wählern entspricht, die sich plötzlich anders entschieden haben sollen, obwohl die dafür relevanten Daten völlig unverändert bleiben.

Ob die Ursachen für derartige Instabilitäten auch in der relativ geringen Datenmenge von nur 23 Gemeinden begründet sind, müsste durch Analyse der Wiener Sprengeldaten nachgeprüft werden.

4.4.3.2 Überlegung zu den Schätzungen 0 und 1

Was bei allen Schätzungen des neueren Modelles auffällt, ist die Tatsache, dass sich ein bedeutend geringerer Anteil an den Plausibilitätsgrenzen 0% und 100% befindet. Intuitiv sollte diese Charakteristik die Glaubwürdigkeit des Schätzers zu erhöhen. Gerade die Behalteraten bei SPÖ und ÖVP von 100% bei den Übergängen von 1999 auf 2002 über das gesamte Bundesgebiet, welche von den beiden anderen Modellen geschätzt wurden, unterliegen einem starken Glaubwürdigkeitsproblem und wurden im Falle der SP-Stimmenveränderung in der Gemeinde Dellach (Kärnten) auch schon in Kapitel 2 widerlegt.

Bei den Analysen die EU-Wahl betreffend, wurde wiederum in sechs von neun Bundesländern bei den beiden einfacheren Modellen attestiert, dass alle Nichtwähler der Nationalratswahl 2002 bei der EU-Wahl 2004 wieder nicht gewählt hätten, was ebenfalls überzogen scheint.

Es ist nun gewissermaßen die Feinheit des multinomialen Entscheidungsmodelles, die solche Schätzungen immer seltener werden lassen und oft schon einige wenige Gemeinden können hierzu beitragen. Wenn man annimmt, dass die Homogenität des Übergangsverhaltens nicht in allen Wahlgebieten unterstellt werden kann (und davon muss aufgrund einiger Erkenntnisse in dieser Arbeit ausgegangen werden), dann wird das dazu führen, dass sich die Varianzen der Schätzer erhöhen; die Schätzung der (nunmehr) durchschnittlichen Wechselraten wird unsauberer.

Behauptet man beispielsweise bei den Übergängen der Nationalratswahlen von 1999 auf 2002, dass die SPÖ 2002 nur von den Grünen dazugewinnen konnte, aber alle Stimmen behalten hat, dann ist die Varianz der Stimmensummen der SPÖ 2002 in Gemeinden, in denen es keine Grün-Wähler 1999 gegeben hat - solche Gemeinden gibt es immerhin in 3 Bundesländern – gleich null. In nicht ganz so extremen Fällen wird sie sehr klein sein.

Sehr kleine Varianzen führen aber zumindest bei Inhomogenitäten zu sehr kleinen Likelihoods. Wenn das Ziel aber ist, die Likelihood zu maximieren und wie im konkreten Fall nur ein Parameter für Lage und Varianz der Schätzung vorhanden ist muss die Varianz vergrößert werden. Die Folge ist daher, dass einige wenige kleine Gemeinden die Schätzer korrigieren können. Die neuen Schätzer erhöhen zwar die Likelihood, sind zur Voraussage aber nicht unbedingt besser brauchbar.

Aus diesen Ausführungen sollte klar werden, dass das Finden von Gemeindeclustern mit homogenen Übergangswahrscheinlichkeiten in Zukunft die wichtigere Aufgabe sein wird.

4.5 Laufzeitunterschiede zwischen den Modellschätzungen

Auf den nicht unwesentlichen Unterschied in den Laufzeiten zwischen den drei errechneten Schätzern soll an dieser Stelle auch noch kurz eingegangen werden. Alle publizierten Berechnungen wurden mit dem Statistik-Software-Paket R programmiert. Bei der „OLS"- und der „GLS-Varianzen"-Version wurden die Berechnungen mithilfe des in R vorhandenen quadratischen Optimiererungspaketes „quadprog" durchgeführt, welches den Algorithmus von Goldfarb und Idnani (1983) verwendet. Die gesamtösterreichische Analyse der Wählerströme, die ja alle Bundesländeranalysen enthält, benötigt deutlich weniger als eine Minute für die Berechnung.

Der dritte, kompliziertere Schätzer kann (wie in Kapitel 3 beschrieben) nicht mit einem quadratischen Optimierer errechnet werden. Die notwendige Berechnung von einer verallgemeinerten Inversen pro Gemeinde benötigt ebenfalls eine beträchtliche Zeit. Der vom Autor selbst programmierte Algorithmus für die Berechnung der Wählerübergangsmatrizen in den Bundesländern, die viele Gemeinden haben, zwei bis drei Stunden. Nachdem die kleineren Bundesländer durchschnittlich weniger Zeit pro Gemeinde benötigen, schafft man eine gesamtösterreichische Analyse in etwa zwölf Stunden. Hier wäre die Verwendung eines schnelleren konvexen Optimierers wünschenswert. Auf Seite der Hardware würde der Einsatz von parallelen Rechnern (wie zB. des Schrödinger-Clusters an der Universität Wien) die Rechenzeit wohl erheblich beschleunigen.

Eine andere Alternative wäre auch, die Optimierungsfunktion dennoch in einem 2-Schritt-Verfahren zu optimieren, in dem jeweils für gegebene Varianz-Kovarianz-Matrix der quadratische Optimierer verwendet wird und die so erhaltene neue Lösung darauf folgend wieder für die Varianz-Kovarianz-Matrix im nächsten Schritt verwendet wird, so wie es von Schwärzler (2000) durchgeführt wurde. Diese Version wurde vom Autor ebenfalls programmiert und liefert in ca. ein bis zwei Minuten auch die Lösung. Nur berücksichtigt die so gefundene Lösung eben einen Term in der Optimierungsfunktion nicht und es stellt sich die Frage, ob eine so gefundene Lösung bei der Schätzung der Übergangswahrscheinlichkeiten wirklich näher an der Wahrheit liegt. Die drastische Laufzeitsteigerung bei der Optimierung der robustifizierten Version ((20) in Abschnitt 3.7), sogar für $c=1$, wurde bereits erwähnt. Die Schätzerergebnisse für die Übergangswahrscheinlichkeiten liegen hier deutlich näher am Schätzer „GLS-Varianzen" als an „GLS-Kovarianzen" und als Folge davon hat der Einsatz eines dermaßen robustifizierten Schätzers für die Hochrechnung keinen Zusatznutzen.

5. Zusammenfassung und Ausblick

Eine kompakte Zusammenfassung dieser Arbeit fällt aufgrund der vielen diskutierten Aspekte einigermaßen schwer. Die Übersicht in Kapitel 2 hat in erster Linie gezeigt, wie viele unterschiedliche Beiträge von Forschern aus verschiedenen Sparten existieren.

Aus soziologischer Sicht werden der behandelten Fragestellung mit der Begründung des ökonomischen Trugschlusses oft alternative Methoden der empirischen Sozialforschung, wie klassischen Umfragen oder Wiederholungsbefragungen vorgezogen. Es liegt aber auch der Verdacht nahe, dass ein nicht unwesentlicher Grund dieser Ablehnung von Analyseverfahren für aggregierte Daten in diesem Zusammenhang darin besteht, dass die mathematisch-statistischen und computationalen Anforderungen, die eine problemgerechte, realitätsgetreue Modellierung des Problems erfordert, manchen Forschern zu aufwendig sind.

In solchen Fällen versteht sich die angewandte Statistik als zuständig. Wie die Arbeit gezeigt hat, müssen hier sowohl für eher technische Probleme, wie auch für die Bildung eines plausiblen Modelles Methodenerweiterungen überwiegend mathematischer Natur vollzogen werden.

Die eher technischen Probleme betreffen die in der Regression bekannte Multikollinearität, das Verhindern von unplausiblen Schätzungen von Übergangwahrscheinlichkeiten die kleiner als 0% und größer als 100% sind, Probleme die mit der Inversion von Matrizen zu tun haben, wie auch numerische Probleme bei der konkreten computationalen Umsetzung, wobei die ersten beiden und die letzten beiden miteinander zu tun haben. Was die Erweiterungen für die Bildung eines realitätsgetreuen Modelles betrifft, ist beispielsweise die Formulierung des in dieser Arbeit diskutierten Multinomialmodelles oder aber auch die Modellierung regional unterschiedlichen Wähler-Wechsel-Verhaltens (mehrheitlich mit der Bildung unterschiedlicher Gemeindecluster) zu erwähnen.

In der Literatur werden die beschriebenenen Aspekte oft nur isoliert betrachtet. Es gibt beispielsweise keine Vergleichsstudie zwischen Ridge-Schätzern (Multikollinearität) und herkömmlich restringierten Schätzern. Überhaupt werden bei den (bei englischen Wahlen verwendeten) Ridge-Schätzern unterschiedliche Gemeindegrößen (Varianzen) nicht berücksichtigt, da das Problem in England nicht so gravierend ist, wie beispielsweise in bezüglich der Wahlberechtigtenzahlen stark unterschiedlichen Gemeinden Österreichs. Ein anderes Beispiel sind Clusteranalysen, die aber bestenfalls im Zusammenhang mit unrestringierten Schätzern, die ebenfalls Varianz- und Kovarianzheterogenität außer betracht lassen, diskutiert werden. Der Möglichkeit von ökonomischen Fehlschlüssen kann zwar nicht widerlegt werden, dennoch sind den Skeptikern eben zwei Dinge entgegenzuhalten. Erstens ist entscheidend, dass ein Modell, das oft gut voraussagt, glaubwürdiger scheint als ein Modell, das schlechter voraussagt und dass zweitens das vorliegende Modell für den Fall, dass keine Modellverletzungen vorliegen, Wahrscheinlichkeitsaussagen über die wahren Wechselraten zulässt und somit wie alle anderen induktivstatistischen Verfahren, die ebenso Wahrscheinlichkeitsaussagen machen, streng genommen bei Modellgültigkeit über jeden Einwand erhaben sind.

Wie stark die Modellvoraussetzungen in den vorliegenden Analysen verletzt worden sind und welchen Einfluss etwaige Modellverletzungen auf das Ergebnis haben, kann trotz der vielen Grafiken und Tabellen in dieser Arbeit nur vermutet werden. Im Hochrechnungsvergleich (Kapitel 4) zeigt sich, dass das in dieser Arbeit diskutierte Multinomialmodell oft einen gegenüber den Vergleichsmodellen besseren Verlauf bei der Prognose zeigt. In anderen Fällen ergeben sich wiederum grundlegend andere Charakteristika und zum Teil weitaus schlechtere Schätzer als mit den methodisch einfacheren Modellen. Auch wenn die besseren Ergebnisse überwiegen, ist doch Skepsis angebracht. Die ebenfalls festgestellten Instabilitäten und die teilweise unplausiblen Schätzungen bei den daraus abgeleiteten Wählerwanderungsschätzungen legen diese Vermutung nahe. Interessant wäre eine Simulationsstudie, in der getestet wird, wie sich die Schätzer der verschiedenen Modelle verhalten, wenn Daten wirklich aus dem Modell produziert werden und nicht Modellverletzungen die Basis von unsauberen Vergleichen bilden. Die teilweise sehr geringen Unterschiede der Schätzer in der vorliegenden Arbeit rechtfertigen eine solche Überlegung.

Bei Vernachlässigung des Problems der Multikollinearität und des Vorhandenseins abhängiger Wahlentscheidungen lässt das Multinomialmodell jedoch eine sehr realitätsgetreue Modellierung zu. Theoretisch könnten sogar Korrelationen zwischen Stimmenanteilen in regional benachbarten Gemeinden zugelassen werden, was jedoch angesichts eines weiteren enormen Zuwachses an Rechenzeit nicht sehr praktikabel scheint. Überhaupt ist der Rechenaufwand des

Multinomialmodelles bezogen auf die Schätzer, die höchstens unterschiedliche Varianzen berücksichtigen, enorm. Trotzdem bleiben immer noch Unzulänglichkeiten in der Modellierung, wie beispielsweise die Änderung des Wählerverzeichnisses zwischen zwei Wahlen.

Vom Standpunkt der Hochrechnung sind alle oben genannten Aspekte und Modellunterschiede aus Sicht des Autors kaum relevant. Der Fernsehzuschauer, der ja überhaupt nur die bundesweite Hochrechnung sieht, wird nicht merken, ob eine Parteivoraussage um 0,1% näher oder weiter entfernt vom Endergebnis liegt. Hier ist wohl der Beitrag, das Image der Statistik durch eine Prognose, die jedenfalls genauer ist als der jeweils bis dahin ausgezählte relative Stimmenanteil, zu verbessern, die weitaus größere Funktion. Der ehemalige Hochrechner des INFAS-Institutes in Deutschland, Fritz Krauss, stellt dazu auch einigermaßen knapp fest: „Wenn es um den praktischen Einsatz von Hochrechnungsverfahren im Rahmen einer Wahlberichterstattung im Fernsehen geht, sind die Möglichkeiten einer theoriegeleiteten Verbesserung der Verfahren eher begrenzt"[7]. Angedacht können hier völlig neue Ansätze werden, wie zum Beispiel, dass die Prognose einer Partei zu jedem Zeitpunkt um die Differenz korrigiert wird, um die die Prognose bei der Wahlhochrechnung der vergangenen Nationalratswahl abgewichen ist. Die Hochrechnungen für die ÖVP, die sich jeweils ausschließlich von oben an den wahren Endwert annähern, könnten mit so einem Ansatz sicher verbessert werden. Allerdings hat eine solche Vorgehensweise mit stochastischen Modellen im hier besprochenen Sinne nichts mehr zu tun und liefert auch keine bessere Erkenntnis zur Schätzung der Wählerwanderungen.

---

[7] E-Mail-Stellungnahme von Prof. Fritz Krauss am 21.Oktober 2004 nach Anfrage des Autors

Im Gegensatz zur Hochrechnung sind die besprochenen Modellierungsaspekte eigentlich nur bei der Betrachtung der unterschiedlichen Wählerstromanalysen relevant, dort aber oft gravierend. Hinweise auf Modellschwächen gibt es in der vorliegenden Arbeit genug, wie die Tomography-Plots in Kapitel 2, die Residuenanalyse in Kapitel 3 oder das eben erwähnte Phänomen bei der ÖVP-Hochrechnung, die allesamt auf inhomogene Gemeindegruppen schließen lassen. Robustifizierungen der Schätzungen müssen hier in jedem Fall erfolgen, jedoch bleibt offen, ob die in dieser Arbeit gewählte passend ist. Erste Ergebnisse scheinen darauf zu schließen, dass diese ähnliche Schätzungen wie bereits bekannte Schätzer produziert. Die Berechnung von parametrischen Konfidenzintervallen kann jedenfalls derzeit nicht empfohlen werden.

Was als handfestes Ergebnis dieser Arbeit bleibt ist jedenfalls der Konvexitätsbeweis der Optimierungsfunktion des Multinomialmodelles, der den Anwender zuversichtlich stimmen kann, den optimalen Schätzer mit mehr oder weniger standardisierter Software zu finden.

Will man weiter Forschung in dieser Klasse von ökologischen Regressionsmodellen betreiben, dann ist hier die größte Notwendigkeit das Finden von möglichst homogenen Gemeindegruppen, die womöglich deutlich kleiner sein sollten als die derzeitigen Einteilungen, um der Vielfältigkeit von Übergangsraten Raum zu geben. Auch die Versuche mit Mischverteilungsmodellen erlauben hier mehr Spielraum. In jedem Fall aber soll eine Cluster-Optimierung im Zusammenhang mit einem adäquaten Modell, also beispielsweise mit dem der vorligenden Arbeit durchgeführt werden.

Interessant scheint auch die Frage, ob und in welcher Form das verwendete Multinomialmodell auch im Zusammenhang mit anderen wissenschaftlichen Fragestellungen dienlich sein kann. Wie schon im ersten Kapitel erwähnt, handelt es sich bei der vorliegenden Fragestellung um eine eher „untypische" in dem Sinne, dass als Datengrundlage nicht die Merkmalsausprägungen von Individuen, sondern zu größeren Einheiten zusammengefasste Daten (eben auf Gemeindeebene) vorliegen, mithilfe derer auf das Individuum geschlossen werden soll, also gewissermaßen der umgekehrte Weg herkömmlicher statistischer Analysen.

Spezifiziert man die Anforderungen solcher geeigneter Fragestellungen genauer, so ist es erstens notwendig, dass ein Merkmal von jeder Person einer Population erfasst ist. Zweitens dürfen die Daten nicht auf Individualebene bekannt sein, jedoch drittens in aggregierter Form für eine ausreichende Anzahl von Sub-Populationen. Viertens müssen homogene Wechselwahrscheinlichkeiten zwischen den Merkmalsausprägungen bezüglich dieser Sub-Einheiten bestehen (falls nicht allgemeinere Ansätze verfolgt wertden, die mit dem vorliegenden Modell nicht erfassbar sind).

Naheliegend scheinen alle Fragen, die nicht mit Partei-Wahl-Verhalten zu tun haben, aber nach gleicher Prozedur erhoben werden, wie beispielsweise Volksabstimmungen. Diese Ergebnisse könnten in Verbindung mit Volkszählungsdaten, die auf Gemeindeebene vorliegen, gesetzt werden. Beispielsweise wäre es also möglich, aus den vorliegenden Daten herauszuschätzen, welcher Anteil der Frauen im Jahr 2004 Benita Ferrero-Waldner als Bundespräsidentin gewählt hat und ob sich dieser Anteil von jenem der Wähler von ihrem Kontrahenten, Heinz Fischer unterscheidet. Genausogut könnte man für die Volksabstimmung zum EU-Beitritt „herausrechnen", ob sich überproportional viele junge oder ältere

Wähler, Wähler mit hohem oder niedrigen Einkommen, etc. für den Beitritt entschieden haben. Alles was auf Gemeindeebene erhoben wird (Geschlechteranteil, Altersstruktur,...) kann in Zusammenhang gesetzt werden, allerdings ist beispielsweise die Variabilität im Geschlechteranteil zwischen den Gemeinden diesbezüglich oft nicht sehr groß.

Eine grundsätzlich andere Anwendung wäre beispielsweise in der Ökologie die Schätzung von Bestandsveränderungen bei Wildtieren. Hier kennt man durch Zählungen (oder Schätzungen dafür) die jeweiligen Bestände. Der einzelne Hirsch bleibt jedoch anonym. Hier könnte man als Sub-Einheiten womöglich mehrere einzelne Zeitabschnitte betrachten, für die Zählungen vorliegen. Ob die Annahme konstanter „Wählerwechselwahrscheinlichkeiten" in diesem Zusammenhang für die einzelnen Zeitabschnitte auch gegeben ist, müsste allerdings erst überprüft werden. In diesem Zusammenhang wären vermutlich die „Hirschstromanalyse" und die Hochrechnung gleichermaßen interessant. Mit einiger Fantasie wäre es bei ausreichender Datenlage auf einem Markt, in dem immer neue Berufgruppen aufscheinen auch denkbar, abzuschätzen, mit welcher Wahrscheinlichkeit sich jemand, der zum Zeitpunkt 1 den Beruf X ausübt, zum Zeitpunkt 2 den Beruf Y ausübt, bzw. vom Angestellten zur Selbständigkeit wechselt und umgekehrt.

Wie man an diesen Ausführungen sieht, liegen die typischen Anwendungen für diese Methode, obwohl es ein allgemeines Problem zu sein scheint, nicht unmittelbar auf der Hand. Bei genauerer Überlegung könnte sich aber durchaus die eine oder andere innovative Fragestellung finden, die den vier obigen Kriterien genügt.

Literaturangaben

Bellman, R. (1997). *Introduction to Matrix Analysis.* Society for Industrial and Applied Mathematics, Philadelphia, 2. Auflage.

Ben-Israel, A. und Greville T. N. E. (1974). *Generalized Inverses: Theory and Applications.* John Wiley and Sons, New York.

Brown, P. und Payne, C. (1975). Election Night Forecasting. *Journal of the Royal Statistical Society*, Ser. A, **138**, 465-498.

Brown, P. und Payne, C. (1986). Aggregate Data, Ecological Regression and Voting Transitions. *Journal of the American Statistical Association* **81**, 452-60.

Bruckmann, G. (1966). *Schätzung von Wahlresultaten aus Teilergebnissen.* Physica-Verlag, Wien.

Butler, D. und Stokes, D. (1974). *Political Change in Britain.* Macmillan, London, zweite Auflage.

Calabi, E. (1964). Linear systems of real quadratic forms. *Proceedings of the American Mathematical Society* **15**, 844-6.

Cho, W. K. T. (1998). Iff [!] the Assumption fitts...:A Comment on the King Ecological Inference Solution. *Political Analysis* **7**(1), 143-63.

Duncan, O. D. und Davis, B. (1953). An Alternative to Ecological Correlation. *American Sociological Review* **18**, 665-6.

Goldfarb, D. und Idnani, A. (1983). *A Numerically Stable Dual Method for Solving Strictly Convex Quadratic Programs.* Mathematical Programming **27**, 1-33.

Goodman, L. (1953). Ecological Regressions and the Behavior of Individuals. *American Sociological Review* **18**, 663–4.

Harville, D. A. (1999). *Matrix Algebra from a Statistician's Perspective.* Springer, New York, 2. Auflage.

Hawkes, A. G. (1969). An Approach to the Analysis of Electoral Swing. *Journal of the Royal Statistical Society*, Serie A **132**, 68-79.

Hoerl, A. E. und Kennard, R. W. (1970a). Ridge Regression: Biased Estimation for Nonorthogonal Problems. *Technometrics* **12**(1), 55-67.

Hoerl, A. E. und Kennard, R. W. (1970a). Ridge Regression: Applications to Nonorthogonal Problems. *Technometrics* **12**(1), 69-82.

Hofinger, C. und Ogris, G. (2002). Orakel der Neuzeit: Was leisten Wahlbörsen, Wählerstromanalysen und Wahltagshochrechnungen? *ÖZP* **31** 143-58.

Hofinger, C., Ogris, G. und Thalhammer, E. (2003). Der Jahrhundertstrom: Wahlkampfverlauf, Wahlmotive und Wählerströme im Kontext der Nationalratswahl 2002. In: Plasser, F. und Ulram, P. A. (Hg.) *Wahlerverhalten in Bewegung – Analysen zur Nationalratswahl 2002.* WUV-Universitätsverlag, Wien.

Holm, K. (2001). ALMO-Statistiksystem, Handbuch zur Wahlhochrechnung, Linz, 2001.

Hoschka, P. und Schunck, H. (1975). Schätzung von Wählerwanderungen: Puzzlespiel oder gesicherte Ergebnisse? In: Politische Vierteljahresschrift, **16**(4), 491-539.

Johnston, J. und DiNardo, J. (1997). *Econometric Methods.* McGraw-Hill, Singapur, 4. Auflage.

King, G. (1997). *A Solution the the Ecological Inference Problem: Reconstructing Individual Behavior from Aggregate Data.* Princeton University Press, Princeton.

Kendall, M. G. und Stuart, A. (1950). The Law of the Cubic Proportion in Election Results. *Britisch Journal of Sociology* **1**, 183-96.

Küchler, M. (1983). Die Schätzung von Wählerwanderungen: Neue Lösungsversuche. In: Kaase, M./Klingelmann, H.-D. (Hrsg.): Wahlen und politisches System. Analysen aus Anlaß der Bundestagswahl 1980. Opladen, S. 632-651.

Lückl, C. F. (1995). *Multivariate statistische Methoden zur Schätzung von Wählerübergangswahrscheinlichkeiten.* Unveröffentlichte Dissertation, TU Graz.

Neuwirth, E. (1981). Klassifikation der politischen Bezirke Österreichs aufgrund von Ergebnissen von Nationalratswahlen. *Mitteilungsblatt der österreichischen Gesellschaft für Statistik und Informatik* **42** 46-55.

Neuwirth, E. (1984). Schätzung von Wählerübergangswahrscheinlichkeiten. In: Holler, M. (Hg.) *Wahlanalyse – Hypothesen, Methoden und Ergebnisse.* tuduv-Buch, München.

Neuwirth, E. (1994). Prognoserechnung am Beispiel der Wahlhochrechnung. In: Mertens, P. (Hg.) *Prognoserechnung.* Würzburg/Wien.

Ogris, G. (1993). Die Wählerstromanalyse ist etwas besser als ihre Kritik. Replik auf Daniel Seller ‚Die Wählerstromanalyse. Anspruch und Wirklichkeit' aus der SWS-Rundschau 3/1992, 417-428, in: *SWS-Rundschau* **33**(1), 109-14.

Plasser, F. und Ulram, P. A. (2003) *Wahlerverhalten in Bewegung – Analysen zur Nationalratswahl 2002.* WUV-Universitätsverlag, Wien.

Robinson, W. S. (1950). Ecological Correlations and the Behavior of Individuals. *American Sociological Review* **15** 351-7.

Roth, D. (1998). *Empirische Wahlforschung – Ursprung, Theorien, Instrumente und Methoden.* Leske und Budrich, Opladen.

Schwärzler, J. (2000). *Methodische Überlegungen zur Wählerstromanalyse und Wahlhochrechnung.* Unveröffentlichte Diplomarbeit. Universität Wien.

Seller, Daniel (1992). Die Wählerstromanalyse. Anspruch und Wirklichkeit, In: SWS-Rundschau, **32**(3), 417-428.

Internetquellen:

Bundesministerium für Inneres, Wahleinformation:
http://www.bmi.gv.at/wahlen

Österreichische Wahldaten:
http://sunsite.univie.ac.at/Austria/elections/

Deutsche-Wahldaten 2002:
http://www.bundeswahlleiter.de/bundestagswahl2002/deutsch/ergebnis2002/btw2002/index_btw2002.htm

Deutsche-Wahldaten 2005:
http://www.bundeswahlleiter.de/bundestagswahl2005/downloads/

SORA-Institut:
http://www.sora.at

Statistik-Software R:
http://cran.r-project.org/

Wikipedia (Internetlexikon):
http://www.wikipedia.org

Anhang

Sätze und Definitionen

Definition I: Sei $\mathbf{A}$ eine $n \times n$-Matrix mit den Eigenwerten $\lambda_1,...,\lambda_n$, dann heißt $\rho(\mathbf{A}) = \max_{i \in \{1...n\}} |\lambda_i|$ Spektralradius der Matrix $\mathbf{A}$.

Definition II: $\mathbf{A}$ heißt konvergent, wenn $\rho(\mathbf{A}) < 1$

Definition III: Der Mean Squared Error (MSE) eines Schätzers (Schätzfunktion) $\hat{\theta}$ ist definiert als $MSE(\hat{\theta}, \theta) = E(\hat{\theta} - \theta)^2$.
Der MSE ist somit ein Gütekriterium für einen Schätzer.

Definition IV (*Moore-Penrose*-Inverse im Falle reellwertiger Matrizen):
Gegeben sei eine beliebige Matrix $\mathbf{A}$ mit reellwertigen Einträgen, für die $|A_{ij}| < \infty \;\; \forall i,j$ gilt. Eine Matrix $\mathbf{X}$, die

1. $\mathbf{AXA} = \mathbf{A}$,
2. $\mathbf{XAX} = \mathbf{X}$,
3. $(\mathbf{AX})^t = \mathbf{AX}$ und
4. $(\mathbf{XA})^t = \mathbf{XA}$

erfüllt, heißt *Moore-Penrose*-Inverse der Matrix $\mathbf{A}$. Diese wird mit $\mathbf{A}^+$ bezeichnet. Geometrisch gesehen ist die *Moore-Penrose*-Inverse $\mathbf{A}^+$ die Inverse jener Matrix, die durch Orthogonalprojektion der Matrix $\mathbf{A}$ in den größtmöglichen niedriger dimensionalen Teilraum, für den eine herkömmliche Inverse existiert, entsteht.

Definition V: Sei $\mathbf{A}$ wie in Definition IV und $A\{i,j,...,l\}$ die Menge aller Matrizen, die die Gleichungen $(i),(j),...,(l)$ aus Definition 4 erfüllen. Eine Matrix $\mathbf{X} \in A\{i,j,...,l\}$ wird eine $\{i,j,...,l\}$-Inverse von $\mathbf{A}$ genannt.

Satz I: Sei $\mathbf{A}$ eine konvergente Matrix, dann gilt: $(\mathbf{I} - \mathbf{A})^{-1} = \mathbf{I} + \sum_{k=1}^{\infty} \mathbf{A}^k$

Notation und gängige Abkürzungen

$E(X)$	der Erwartungswert der Zufallsvariable X
$\text{var}(X)$	die Varianz der Zufallsvariable X
$\text{cov}(X,Y)$	die Kovarianz der Zufallsvariablen X und Y
$VC(\mathbf{x})$	die Varianz-Kovarianz-Matrix des Zufallsvektors $\mathbf{x}$
$\text{sgn}(c)$	das Vorzeichen der Zahl c
$\mathbf{A}^{-1}$	die Inverse der Matrix $\mathbf{A}$
$\mathbf{A}^{t}$	die Transponierte der Matrix $\mathbf{A}$
$\mathbf{A}^{+}$	die Moore-Penrose-Inverse von $\mathbf{A}$
$|\mathbf{A}|$	die Determinante der Matrix $\mathbf{A}$ ($\det(\mathbf{A})$)
$|b|$	der Absolutbetrag der Zahl b
MSE	mean squared error

I want morebooks!

Buy your books fast and straightforward online - at one of the world's fastest growing online book stores! Environmentally sound due to Print-on-Demand technologies.

Buy your books online at
www.get-morebooks.com

Kaufen Sie Ihre Bücher schnell und unkompliziert online – auf einer der am schnellsten wachsenden Buchhandelsplattformen weltweit! Dank Print-On-Demand umwelt- und ressourcenschonend produziert.

Bücher schneller online kaufen
www.morebooks.de

OmniScriptum Marketing DEU GmbH
Heinrich-Böcking-Str. 6-8
D - 66121 Saarbrücken
Telefax: +49 681 93 81 567-9

info@omniscriptum.com
www.omniscriptum.com

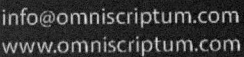

Printed by Books on Demand GmbH, Norderstedt / Germany